SCIENCE AND ENGINEERING
Recipes

R による データ分析 のレシピ

舟尾 暢男 著

Ohmsha

はじめに

　20世紀末、筆者が大学生だった頃の昔話ですが、学生が統計を専攻することは、先生になる、他の専攻分野から漏れた、変わり者のいずれかで、悲惨なほど人気がありませんでした。統計がマニアックな学問であることに加え、「①就職先がない（という噂）」「②プログラミングの素養が必要」「③難しい」ことが理由です。②は、Windows 98が席巻していた当時、プログラミング言語と言えばC言語やJavaなど敷居が高くて難しいものばかり、統計専用ソフトは簡単そうだが高価（≒数十万円）なものばかりで、データ分析をPCで行うことが大変な時代でした。③は、統計を学ぶには解析学・線形代数・集合論・測度論なども学ぶ必要があり、わかりやすい教科書も非常に少なかったため、統計の習得には時間がかかりました。統計は「儲からない」「やりにくい」「難しい」学問だったのです。

　時代は流れて年号は令和になり、統計を取り巻く環境は一変しました。統計という2文字はデータ・サイエンスとなり、データ・サイエンティストなる職種が生まれ、「①就職先がない」どころか統計はお金を稼げる学問になりました。また、統計ソフト「R」「RStudio」の登場により、古典的＆最先端のデータ分析やグラフ作成が無料で手軽にできるようになりました。世界中の人が使用するフリーソフトですので信頼性も高く、操作も比較的簡単で、参考書やネット上の資料が豊富にありますので「②プログラミングの素養が必要」という問題は「RStudio」を使うことで解消できるでしょう。

　本書は最後の問題「③統計は難しい」ことの解消を試みます。統計の解説を「正しく」行う最良の方法は「数式による説明」ですが、これでは問題の解消になりません。一方、最近は「ゼロから学ぶ●●」「猿でもわかる●●」的な、数式があまり出てこない、わかりやすそうな参考書がたくさん出版されていますが、統計専門家でない方が書かれたものも多く、説明を簡単にしようとするあまり、誤解を招く解説や正しい説明になっていないものが散見されます。本書は「数式による説明」を「簡単な日本語の説明」に丁寧に置き換え、読者の皆様が「データを読み込み」「適切な統計手法で分析し」「結果を解釈する」流れを、難しい数式なしで「RStudio」を使って楽に理解いただけるよう工夫しました。また、使用するデータやプログラムコードはすべて準備してありますので、面倒なキーボード入力もほとんどありません。さらに、データ・サイエンスの時流も踏まえ、統計の基本的事項に加えて「シミュレーション」「ベイズ解析」「予測モデル・機械学習の初歩」に関する事項も扱いました。本書で統計と「RStudio」の基礎を学んでいただくことで、データ分析手法の習得はもちろん、AI・機械学習のスタート地点に立っていただけるものと確信しております。

　最後に、本書を執筆する貴重な機会を与えてくださったオーム社 編集局の皆さまに深くお礼申し上げます。

2020年10月吉日

🍴 本書の読み方

　本書は、R＆RStudioを使ったデータ分析の新しい入門書です。連続データやカテゴリデータの要約、シミュレーションや統計的検定の考え方、ベイズ解析、モデル解析までを、レシピのスタイルで手順を追って画面操作、ソースコード入力、出力された数値やグラフの解釈方法などを説明します。データ分析が必要となるシーンや具体例を都度示しながら解説していますので、Rや統計学についてはじめて学ぶ方も安心して読み進めることができます。

～ 本書の構成 ～

　本書は、以下の5つのPartで構成されています。

Part 1 カルビが売れ残りすぎる × 連続データの要約	➡	P.1〜
Part 2 アンケートが雑すぎる × カテゴリデータの要約	➡	P.47〜
Part 3 思い込みが激しすぎる × ベイズ解析のコンセプト	➡	P.111〜
Part 4 室温が変わりすぎる × モデル解析	➡	P.149〜
Part 5 説明が後ろすぎる×R＆RStudioの基本と補足	➡	P.209〜

　本編である **Part 1** 〜 **Part 4** では、統計ソフト「RStudio」の使用を前提として話が進みます。RStudioを使用しなくても本書を読み進めていただけるよう工夫をしておりますが、RStudioを使用したことがない方、プログラムを実行しながら読み進められたい方は、先に **Part 5** のRecipe5.1〜Recipe5.7をお読みいただき、RとRStudioのインストールや基本操作を確認してください（本書で使用したデータやプログラムコードの入手方法や具体的な使用方法についてはRecipe 5.2を参照してください）。

各Partの展開

Part 1 ～ Part 4 では、架空の飲食店を設定し、そこで必要となるデータ分析のシーンを具体的に示しながら、データ分析の理論やテクニックを解説していきます。なお、Part 5 はレシピスタイルでの手順解説が中心となります。

【 introduciton 】

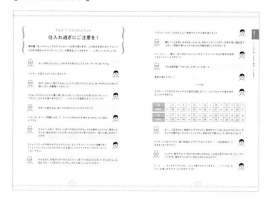

各Partの導入部分。架空の飲食店での会話を示し、データ分析が必要となるシーンを示します。

【 Recipe 】

R&RStudioによるデータ分析の操作を、レシピスタイルで手順を追って説明します。

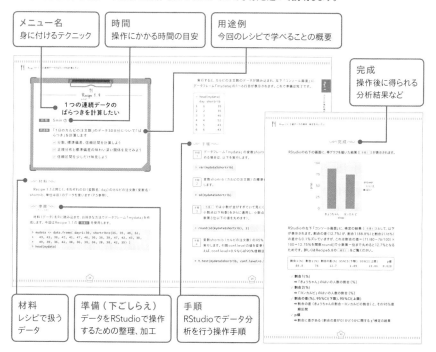

メニュー名	時間	用途例
身に付けるテクニック	操作にかかる時間の目安	今回のレシピで学べることの概要

完成
操作後に得られる
分析結果など

材料	準備（下ごしらえ）	手順
レシピで扱う データ	データをRStudioで操作 するための整理、加工	RStudioでデータ分 析を行う操作手順

v

【 解説 】

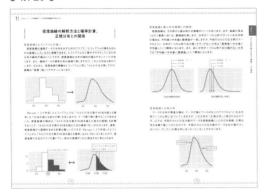

レシピで示した操作の意味や結果の読み方、関連するデータ分析手法の紹介、さらに応用テクニックなどを丁寧に解説します。

【 実食 】

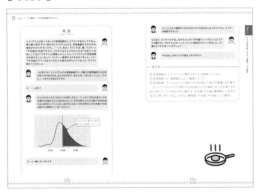

レシピで得た分析結果についての考察や新たな課題について、会話形式で示します（が、たまに雑談で終わってしまうこともあります）。

～ サンプルファイルについて ～

本書で使用するデータやプログラムファイルは、下記のURLからダウンロードできます。

https://www.ohmsha.co.jp/book/9784274226250/

ダウンロードしたファイルの使い方などにつきましては、Recipe5.2を参照ください。また、R、RStudioのインストール方法につきましては、Recipe5.1を参照ください。

～ 舞台と登場人物の紹介 ～

Part 1 ～ Part 4 では、以下の架空の飲食店を舞台にして、会話を展開します。

【 焼肉屋「きょうちゃん」 】

最寄りの駅から徒歩30分圏内にある下町の焼肉屋。開店時間は夜の5時～10時半。来年で開店50周年。クーラーが故障して久しいことと近所に有名焼肉チェーン店の「ヨンカルビ」ができたせいで客足は鈍い。

作太郎

主人公。大学4年生。卒業後は製薬会社にて統計業務に就く予定。焼肉屋「きょうちゃん」でアルバイトをしながら卒論を書きつつ、データ解析をかじっている。Rを多少使うことができる。

マスター

関西出身の69歳。焼肉屋「きょうちゃん」を営む。カルビへの愛情が半端なく、思い込みの激しさも半端ない。

おかみさん

製薬会社でOLをやっているときに焼肉屋「きょうちゃん」の常連客となり、その後、焼肉屋「きょうちゃん」のおかみとなる。マスターと直接話をしない、何故か統計に詳しい、年齢不詳と謎が多い。

Contents

Part 3
思い込みが激しすぎる × ベイズ解析のコンセプト … 111

Part 4
室温が変わりすぎる × モデル解析 ……………………… 149

Part 5
説明が後ろすぎる × R&RStudioの基本と補足 ········ 209

本文デザイン：赤松由香里（MdN Design）
本文イラスト：松本セイジ

Part 1

カルビが売れ残りすぎる

連続データの要約

Part 1 introduction
仕入れ過ぎにご注意を！

焼肉屋「きょうちゃん」ではカルビがいつも売れ残ります。この状況を見かねたアルバイトの作太郎さんがマスターにいろいろ意見をぶつけますが……上手くいくのでしょうか。

 お、10時になったな。ボチボチお客さんにラストオーダーや、言うてやぁ

マスター、お客さんは1人もいませんが……

 何や、さみしい限りやなぁ。よっしゃ、ほな片付けしよか。あ、今日もカルビ持って帰ってや。冷蔵庫に入れとくで

うわぁ、今日もカルビが大量に残りましたね。いつもカルビを頂くのはうれしいんですけど、なかなか食べきれなくて……。カルビで冷凍庫がもうパンパンです

 何や、小食やなぁ。若いうちはダイエットしたらアカンで

いやいや、そういう問題じゃなくて、カルビ以外のものを凍らせられないから困るんですよ

 カルビいっぱい、幸せいっぱいで何よりやがな。うちは晩めしもカルビ、朝めしもカルビ、昼は弁当にカルビ丼。みんなモリモリ食べるさかい、残った試しがあらへんがな

そりゃマスターのお家はお子さんが9人もいるんですから、カルビの消費も早いでしょうけど。ちょっとカルビの仕入れを減らしたらどうですか？ さすがにもったいないですよ

 そんなもん、お客さんが「カルビ2つ〜」言うてくれはったときに「すんません、品切れです〜」て言われへんがな。次から来えへんようになるで

ですから、なるべく品切れしない程度で仕入れの数を減らすとか

 難しいことを言いよるなぁ。よっしゃ、ほなナンボ、ナンボて、お前が言い値を言うてみぃ。理屈が通っとったら仕入れの数を減らしたろやないか

えっ、えっ……、僕の一存で決まっちゃうんですか？ アルバイトが出す数字を信用しちゃっていいんですか？？

 うちは信用第一やからな。かまへん、かまへん

意味が違うような……

（1カ月後）

マスター！ 1カ月分のカルビの注文数を記録しました！ これで仕入れの数を決めることができますよ

日	1	2	3	4	5	6	7	8	9	10	11	12	13	14	15
カルビ	35	35	40	52	43	43	38	42	41	47	46	36	36	39	47

日	16	17	18	19	20	21	22	23	24	25	26	27	28	29	30
カルビ	42	43	38	49	39	36	42	38	36	38	36	28	38	42	35

 お〜、ご苦労さん。時給を上げてやりたい気持ちでいっぱいなんやけど、わし、そういう立場やないからカンニンしてや。気持ちだけ取っといて。釣りはいらんで

マスターじゃなかったら、誰が時給を上げてくれるんですか……。まぁ時給のことはあきらめてますから

 ところで、数字がエライぎょうさん並んどるなぁ。こんなん見せられても、わし、サッパリやで。要はカルビをナンボ仕入れたらええんや？

え〜と……、そりゃそうですよね。これじゃ僕でもわかりません……。で、では、もう少し計算しますので、少々お待ちください

よっしゃ、ほな、首なが〜くして待ってるさかい、頼むでっ！（店の奥へ）

（数分後）

あら、今日は早い出勤ね。ご苦労様

あ、おかみさん、お疲れ様です。実はかくかくしかじかで……

あらぁ、うちの人が変なことをお願いしちゃったみたいで、ごめんなさいね

とりあえず「カルビの注文数」の平均値を計算しようかなぁと思うんですけど、他に何をすればいいかわからなくて……。まぁでも、とりあえずマスターに「平均値は●●ですから、これからはカルビを1日あたり●●にしてはどうですか？」と提案してみます

あら、グラフも書かないうちからデータを要約しようとしてるのね。若いってイイわ

えっ？ どういうことですか？！ あと、おかみさん、統計に詳しいんですかっ？

ほんの少しね。今は隠居の身だけど。あと、平均値なんて小学5年生で習う時代よ。うちの子が宿題で平均値を計算してるくらいだから、平均値だけじゃあ物足りなくない？

え、じゃ……、じゃあ僕はどうすればいいのでしょう。ぜ、是非、教えてくださいっ！

う〜ん、気が進まないんだけど……、うちの人が変なことをお願いしちゃったみたいだから今回は特別よ。じゃあ、まず平均値と、それ以外の要約統計量の意味を見ていこうかしら

Recipe 1.1
レシピ

1つの連続データを要約したい

時間 5min ⏱

用途例 「1日のカルビの注文数」のデータ30日分について
要約統計量を計算します

☑ データをRStudioに読み込ませる練習をしよう

☑ 要約統計量を求めよう

☑ データの平均値と中央値の特徴や、他の要約統計量
の意味を味わおう

～ 材料 ～

今回は、調査1日目～30日目における、それぞれの日（変数名：day）のカルビ
の注文数（変数名：shortrib、単位は皿）が材料です。1行目に列名、2～31行目
にデータ、31行2列の形式です。

day	shortrib	day	shortrib	day	shortrib	day	shortrib
1	35	9	41	17	43	25	38
2	35	10	47	18	38	26	36
3	40	11	46	19	49	27	28
4	52	12	36	20	39	28	38
5	43	13	36	21	36	29	42
6	43	14	39	22	42	30	35
7	38	15	47	23	38		
8	42	16	42	24	36		

準備
（下ごしらえ）

材料（データ）をRに読み込ませ、データフレーム「mydata」を作成します。方法は3種類ありますので、お好きな方法で準備してください。

方法 1 パッケージ「readxl」を呼び出し、Excelファイル「data.xlsx」を「C:¥temp」フォルダに格納した後、シート「Sheet11」から読み込み

```
> library(readxl)
> mydata <- read_excel("c:/temp/data.xlsx", sheet="Sheet11")
> head(mydata)
```

方法 2 CSVファイル「Sheet11.csv」を「C:¥temp」フォルダに格納した後、読み込み

```
> mydata <- read.csv("c:/temp/Sheet11.csv")
> head(mydata)
```

方法 3 RStudioの左上「ソース画面」にデータを手打ちした後、プログラムを実行することで読み込み

```
> mydata <- data.frame( day=1:30, shortrib=c(35, 35, 40, 52,
+   43, 43, 38, 42, 41, 47, 46, 36, 36, 39, 47, 42, 43, 38,
+   49, 39, 36, 42, 38, 36, 38, 36, 28, 38, 42, 35) )
> head(mydata)
```

方法1 ～ **方法3** のいずれかを実行すると、カルビの注文数のデータが読み込まれるとともに、左下「コンソール画面」にデータフレーム「mydata」の1～6行目が表示されます。なお、Windows版RStudioでは、ファイルの場所を指定する際に「¥」「\」の代わりに「/」を使用する必要があります。例えば「read.csv("c:¥temp¥Sheet11.csv")」とするとエラーの原因になります。

```
    day shortrib
1    1         35
2    2         35
3    3         40
4    4         52
5    5         43
6    6         43
```

データフレーム「mydata」
の1～6行目が表示される

　データフレーム「mydata」の全体を閲覧する場合は、RStudioの右上「Environment」タブから「mydata」をクリックします。左上の画面にデータフレーム「mydata」が表示されます。これで準備は完了です。

クリックすると「mydata」全体が表示される

∽∽ 手順 ∽∽

手順1 データフレーム「mydata」をざっくり要約したい方は、以下を実行します。

```
> summary(mydata)
```

手順2 今回の目的はデータフレーム「mydata」の変数shortrib（カルビの注文数）の要約なので、他の変数については要約したくない、という方は以下を実行します。

```
> summary(mydata$shortrib)
```

～⌘ 完成 ⌘～

RStudioの左下「コンソール画面」に結果が表示されます。今回は 手順1 の結果を示します。

```
         day              shortrib
 Min.   : 1.00    Min.    :28.00
 1st Qu.: 8.25    1st Qu.:36.00
 Median :15.50    Median :39.00
 Mean   :15.50    Mean    :40.00
 3rd Qu.:22.75    3rd Qu.:42.75
 Max.   :30.00    Max.    :52.00
```

平均値やその他の要約統計量の意味・性質

平均値の性質

カルビの注文数(変数shortrib)を要約した結果を眺めてみましょう。それぞれの値の意味は以下の通りです。

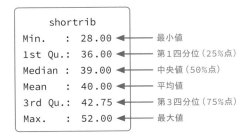

```
      shortrib
 Min.   : 28.00    ◀── 最小値
 1st Qu.: 36.00    ◀── 第1四分位(25%点)
 Median : 39.00    ◀── 中央値(50%点)
 Mean   : 40.00    ◀── 平均値
 3rd Qu.: 42.75    ◀── 第3四分位(75%点)
 Max.   : 52.00    ◀── 最大値
```

平均値はデータ全体の「真ん中」を表すもので、「データの合計 ÷ データ数」で計算します。カルビの注文数の平均値は以下の通り40皿と計算されます。

$$カルビの注文数の平均値 = データの合計 ÷ データ数$$
$$= (35 + 35 + 40 + \cdots + 35) ÷ 30 = 40.0 皿$$

平均値は日常でもよく見る重要なものですが、データの中に「極端に大きい値」や「極端に小さい値」が含まれていると、影響を受けやすい欠点があります。1つ例を挙げると、近所の焼肉屋さんが「平均時給2,000円！」という触れ込みでアルバイトの求人を行っていたとします。魅力的な時給に見えますが、店長以外のアルバイトの8人は時給900円で、店長の時給が10,800円だとすると……

Aさん	900円	Bさん	900円	Cさん	900円	Dさん	900円	Eさん	900円
Fさん	900円	Gさん	900円	Hさん	900円	店長	10,800円		

店長だけ高額！！

$$時給の平均値 = データの合計 \div データ数$$
$$= （900 + 900 + \cdots + 900 + 10,800）\div 9 = 2,000 円$$

と計算できます。店長を除く8名の時給は900円ですが、店長を含む9名の時給の平均値を計算すると2,000円で、平均時給の値に偽りはありません。このように、平均値はデータ全体の「真ん中」を表すもので、よく使われる値ですが、データの中にある「極端に大きい値」や「極端に小さい値」に影響を受けやすい性質があるのです。例で示した「10,800円」のような極端な値は、「外れ値」とも呼ばれます。そのため、平均値は、その値を使用する前に「データの中に外れ値がないかを調べる」作業が必要になります。

では、「データの中に外れ値がないかを調べる」ことも含め、データを要約する前に何をすればよいのでしょうか。一般的なデータ解析の基本手順は、次のように行います。

データ解析の基本手順

1. データをRに読み込ませる
2. （可能であれば）データをグラフにする
3. データを要約する
4. 目的に合ったいろいろなデータ解析を行う

状況によってはデータをグラフ化することが難しい場合もありますが、可能であれば、まずデータをグラフにすることをお勧めします。Recipe 1.2以降では、グラフ（ヒストグラムと密度曲線）の作り方を解説します。

その他の要約統計量

平均値以外の要約統計量の意味も確認しておきましょう。平均値以外の値は、すべて「データを小さい順に並べた」ときの場所（位置）を表していることがわかります。例えば、最小値や最大値を見ることで、「外れ値」の有無が確認できます。

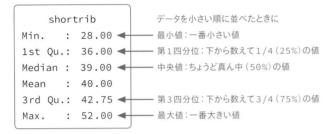

このうち「中央値」はデータを小さいものから順に並べたときの「真ん中」の値を表すものです。平均値と同じ用途ですが、外れ値の影響を受けにくいという性質があります。先程の「近所の焼肉屋さんの時給」の例に当てはめると、平均値は2,000円でしたが、中央値は900円で、「極端に大きい値」や「極端に小さい値」の影響を受けにくいことがわかります。扱うデータの内容によっては、データの中の「小さめの値」や「大きめの値」の情報を使っていないことが中央値の欠点となるケースもありますが、時給の例では中央値が役立ちます。

ところで、先程の時給の例ではサンプルが9人（奇数）で、「ちょうど真ん中」の値が5番目であることがすぐにわかりました。では、データの数がデータの数が偶数のとき、例えばサンプル数が8つのときの中央値はどう求めればよいでしょうか。

このときの中央値は4番目と5番目の値の平均、つまり $(4＋5)÷2＝4.5$ とします。中央値について「データを小さい順に並べた」ときの値、とだけしか覚えてないと、データにない値に戸惑うことになるので注意しましょう。

なお、第1四分位と第3四分位については計算が少し複雑になるのでここでは割愛し、ここでは「下から数えて1/4の値」「下から数えて3/4の値」とざっくり理解してください（興味のある方はRecipe5.8の 補足1 をご覧ください）。

実食

ひと言「データを要約する」と言っても、いろんな要約統計量があるんですねぇ～。あと、平均値に欠点があったなんて考えもしませんでした。勉強になりました！

 あらあら、目の下にクマなんか作っちゃって。ナウなヤングはディスコでフィーバーしてるってのに、あなたは昨晩しっかり復習したようね♪ さて、「データを要約する前にグラフにする」ことを教わったんだから、もちろん「カルビの注文数のグラフ」はできているわよね？

はい、Google先生に聞いてみたら、いろんなグラフがあったので、どれを使うか迷ったんですが、「カルビの注文数のような連続データはヒストグラムにするのがよい」と言っていたので、これにしてみました

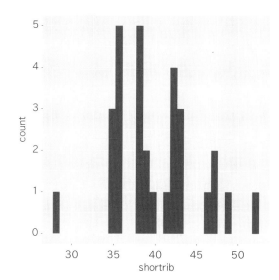

まぁ、睡眠時間を削ったわりには……なかなかファンキーなグラフになったじゃない。このヒストグラムはどう見ればイイのかしら

あ、はいっ！ え〜と……グラフを作ることだけに集中してたからグラフの中身までは気にしてなかったなぁ。どうしよ

 そうなのよ、グラフと英単語帳は作り終わって満足しちゃうのものよねぇ。後で一切見返さない。さ、次はヒストグラムの勉強かしら

=== まとめ ===

☑ データを要約する前に、可能であればデータをグラフにすることが大事
☑ 平均値はデータ全体の真ん中を表す重要なもの、外れ値の影響を受けやすいので注意
☑ 中央値はデータ全体の真ん中を表すもので、外れ値に影響を受けにくいが、小さめの値や大きめの値の情報を使っていない点に注意
☑ 第1四分位と第3四分位はそれぞれ「下から数えて1/4の値」「下から数えて3/4の値」

Recipe 1.2

レシピ

1つの連続データの ヒストグラムを作成したい

時間 10min ⏱

用途例 「1日のカルビの注文数」のデータ30日分についてヒストグラムを作成します

☑ 「適切な」ヒストグラムを描く方法を習得しよう

☑ ヒストグラムと度数分布表との対応を確認しよう

☑ ヒストグラムからわかる「データの特徴」を味わおう

〜〜 材 料 〜〜

Recipe 1.1と同じく、それぞれの日(変数名:day)のカルビの注文数(変数名:shortrib、単位は皿)のデータを使います(P.5参照)。

〜〜 準 備 〜〜
(下ごしらえ)

材料(データ)をRに読み込ませ、お好きな方法でデータフレーム「mydata」を作成します。今回はRecipe 1.1の **方法1** を使用します。

```
> library(readxl)
> mydata <- read_excel("c:/temp/data.xlsx", sheet="Sheet11")
> head(mydata)
```

　実行すると、カルビの注文数のデータが読み込まれるとともに、左下「コンソール画面」にデータフレーム「mydata」の1〜6行目が表示されます。これで準備は完了です。

```
# A tibble: 6 x 2
    day shortrib
  <dbl>   <dbl>
1     1      35
2     2      35
3     3      40
4     4      52
5     5      43
6     6      43
```

 手順

| 手順 1 | パッケージ「ggplot2」を呼び出した後、関数mybk()を定義しておきます。 |

```
> library(ggplot2)
> mybk <- function(x, min, max) seq(min, max,
+   length.out=(nclass.Sturges(x)+1))
```

| 手順 2 | 関数mybk(データフレーム名$変数名, 横軸の左端, 横軸の右端)を指定することで、ヒストグラムの棒の位置を指定します。Recipe 1.1の結果から、データフレーム「mydata」の変数shortrib(カルビの注文数)の最小値は28皿、最大値は52皿でしたので、横軸の左端と右端をそれぞれ25皿、55皿としてヒストグラムの棒の位置を計算、結果を変数BKに代入します。 |

```
> ( BK <- mybk(mydata$shortrib, 25, 55) )
[1] 25 30 35 40 45 50 55
```

| 手順 3 | 関数ggplot(データフレーム名, aes(x=変数名))と関数geom_histogram(breaks=ヒストグラムの棒の位置に関する変数名)を使って、ヒストグラムを描きます。とりあえず完成です。 |

```
> ggplot(mydata, aes(x=shortrib)) +
+    geom_histogram(breaks=BK)
```

> [!手順4] お勧めはしませんが、ヒストグラムの棒の幅だけ決めてヒストグラムを作成したい、あるいは何も考えずヒストグラムを作成したい、という方はそれぞれ以下のようにします。

```
> ggplot(mydata, aes(x=shortrib)) +
+    geom_histogram(binwidth=5)
```

```
> ggplot(mydata, aes(x=shortrib)) +
+    geom_histogram()
```

> [!手順5] 手順3 のでき栄えに満足しない方は、引数 color="棒の外側の色"や fill="棒の塗りつぶしの色"、関数 xlab("横軸ラベル")、ylab("縦軸ラベル")、ggtitle("グラフのタイトル")などを指定すると、味わい深いヒストグラムとなります。3行目の命令を関数 theme(title=element_blank())に変更すると、ラベルがすべてなくなり、シンプルな味わいになります。

```
> ggplot(mydata, aes(x=shortrib)) +
+    geom_histogram(breaks=BK, color="black", fill="cyan") +
+    xlab("注文数") + ylab("頻度") + ggtitle("ヒストグラム")
```

～完成～

RStudioの右下の画面にグラフが表示されます。今回は 手順5 の結果を示します。

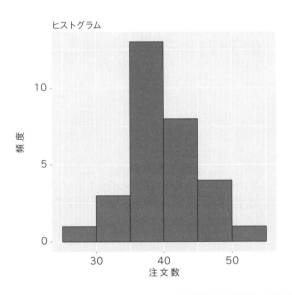

ヒストグラム

ヒストグラムの解釈方法と確率計算

ヒストグラムの棒の数

　ヒストグラムは連続データの分布を示すためのグラフで、「棒の数」が重要です。例えば下記に示す2つのヒストグラムは、Recipe 1.2で用いたデータと同じものをもとに作成していますが、その印象はまったく異なることがわかります。左のヒストグラムは、棒の数が多すぎてしまいギザギザで、分布の傾向が掴めません。一方、右のヒストグラムは、適度な「なめらかさ」で分布の傾向が掴みやすくなっています。ただ、これ以上棒の数を少なくすると、なめらか過ぎて分布の傾向が掴みにくくなります。ヒストグラムは「適切な棒の数を求める」ことが大事です。

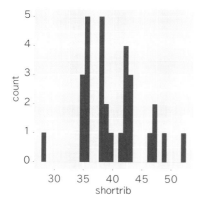
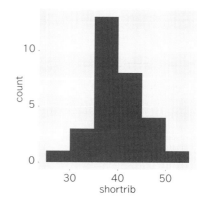

　ヒストグラムの「適切な棒の数」は、スタージェスの公式「$1+\log_2(\text{データ数})$」を使うことで計算できます。今回のデータは30個なので、$1+\log_2(30)≒5.90$……と計算でき、5.90の値に近い整数6が「適切な棒の数」となります。 手順1 で定義しておいた関数mybk()は、この情報をもとにしてヒストグラムを描くための情報を計算しています。

```
> length(mydata$shortrib)    # 変数shortribのデータ数
[1] 30
> nrow(mydata)               # データフレームmydataの行数
[1] 30
> 1+log2(30)
[1] 5.906891
```

ヒストグラムと度数分布表

　ヒストグラムも見た目は棒グラフと同じですが、それぞれのグラフで示したい内容は異なります。

- ✓ **棒グラフ**
  - ➡ 各カテゴリのデータ数を表すもの。棒と棒の間のすき間を空けるのが普通
- ✓ **ヒストグラム**
  - ➡ 連続データの分布を表すもの。棒と棒の間は空けず、連続したものとして示す

　ヒストグラムの理解を深めるために、度数分布表の関係と絡めて説明しましょう。Recipe 1.2で用いたデータを度数分布表で示すと、以下のようになります。

カルビ 注文数	26〜30皿	31〜35皿	36〜40皿	41〜45皿	46〜50皿	51〜55皿
	1	3	13	8	4	1

度数分布表は、Rを使うと簡単に作成できます。以下では 手順2 で作成した変数BKの内容（25, 30, 35, ……）を使って度数分布表の区切りを決めています。

```
> table( cut(mydata$shortrib, breaks=BK) )

(25,30] (30,35] (35,40] (40,45] (45,50] (50,55]
      1       3      13       8       4       1
```

結果表示にある(30,35]の（ や ］は、それぞれこの区間に「30は含まれない」「35は含まれる」ことを意味します。このような区別がないと、例えば35皿というデータがあったときに、「30〜35」と「35〜40」のどちらの区間に含めたらよいのかわかりません。また、今回のデータのように整数ばかりなら「26〜30」「31〜35」「36〜40」……という区切りは適切ですが、16.23や39.4387のように小数を含むデータについても対応できるように、Rは(25,30] (30,35] (35,40]…という形で区切っているわけです。この度数分布表をもとに、ヒストグラムの棒の区間と高さは描かれていることになります。見比べてみてください。

ヒストグラムの基本的な見方

ヒストグラムを見る場合、平均値と中央値に加えてもう1つ、データ全体の「真ん中」を表す要素として「最頻値」または「モード」があります。最頻値は「ヒストグラムが一番高いところの値」を示します。今回のデータでは、(35,40]の棒が一番高く、棒の真ん中の値は37.5なので、これが最頻値になります。

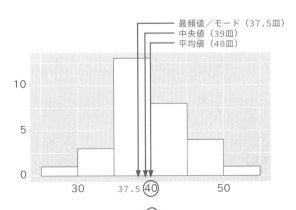

また、ヒストグラムを作成することで、外れ値（極端に大きい値や小さい値）がないことがひと目でわかります。

ある条件を満たすデータ数や確率の算出

「カルビの注文数が●皿以下となる日数」や「カルビの注文数が●皿以上となる確率」など、ある条件のデータ数や確率を計算する場合も、度数分布表やヒストグラムを使えばすぐに導くことができます。例えば「カルビの注文数が40皿を超える日数」を計算したい場合は、ヒストグラム（あるいは度数分布表）から8＋4＋1＝13日と読み取れます。

また、「カルビの注文数が40皿を超える確率」は以下のように43.3％と計算することができます。

カルビの注文数が40皿を超える確率
＝ カルビの注文数が40皿を超える日数 ÷ データ数
＝ 13 ÷ 30 × 100 ＝ 43.3％

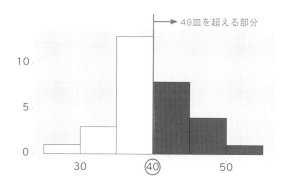

40皿を超える部分

実　食

すごいですっ！おかみさん！教えてもらった通りにグラフを作成したら、ヒストグラムが見違えましたっ！いや〜、ヒストグラムって「棒の数」が大事なんですねぇ……って、あれ？おかみさんがいない

お〜、すまん、すまん、遅れてもうたわ。はよ仕込みせな開店時間に間に合へんな

あ、マスター、今日は遅い出勤ですね

 せやねん、今日は幼稚園の運動会があったんやけど、うちの子のバラ組さんが3位やったよってに。うちの子が「1等賞やなかった」言うて、泣いて、泣いて……。かみさんとご機嫌取りしてたんやけど、ご機嫌ナナメが真っすぐにならんで……、さっきや、泣き止んだんが。おかげでこの時間の出勤やがな

あ、だから今日は遅い出勤だったんですね

 ほんま、えらいこっちゃで。とにかく、ロース組さんと大ライス組さんが強いのなんの

バ……、バラ組って、そっちのバラなんですか？しかもライス大って、どんな組なんですか

 ライス大ちゃう。大ライス組やっ！

どっちでもいいですよ。あぁ～、もうこんな時間だ。おかみさんとは閉店後にお話しよう……

== まとめ ==

- ☑ ヒストグラムは、データの度数分布表をグラフ化したもの
- ☑ ヒストグラムは、適切な棒の数が大事、多すぎるとギザギザ、少なすぎるとなめらかすぎ
- ☑ ヒストグラムは、棒と棒の間のすき間を空けないことがお作法
- ☑ 最頻値は、ヒストグラムが一番高いところの値

Recipe 1.3
レシピ

1つの連続データの
密度曲線を作成したい

時間 10min ⏱

用途例 「1日のカルビの注文数」のデータ30日分について密
度曲線を作成します

☑ ヒストグラムと密度曲線を一緒に味わおう

☑ 密度曲線と確率の対応を見てみよう

☑ 密度曲線の形と「平均値・中央値・最頻値」の関係を
理解しよう

～∽ 材料 ∽～

Recipe 1.1と同じく、それぞれの日（変数名：day）のカルビの注文数（変数名：
shortrib、単位は皿）のデータを使います（P.5参照）。

～∽ 準備 ∽～
（下ごしらえ）

材料（データ）をRに読み込ませ、お好きな方法でデータフレーム「mydata」を作
成します。今回はRecipe 1.1の **方法2** を使用します。

```
> mydata <- read.csv("c:/temp/Sheet11.csv")
> head(mydata)
```

実行すると、カルビの注文数のデータが読み込まれるとともに、左下「コンソール
画面」にデータフレーム「mydata」の1～6行目が表示されます。これで準備は完
了です。

```
   day shortrib
1    1       35
2    2       35
3    3       40
4    4       52
5    5       43
6    6       43
```

◇◇◇ 手順 ◇◇◇

手順1 パッケージ「ggplot2」を呼び出した後、関数ggplot(データフレーム名, aes(x=変数名))と関数geom_density()を使って密度曲線を描きます。とりあえず完成です。

```
> library(ggplot2)
> ggplot(mydata, aes(x=shortrib)) +
+   geom_density()
```

手順2 手順1 のでき栄えに満足できない方は、引数color="曲線の色"、lty=数値(線の種類で1：実線、2：破線、3：点線、4：…)、lwd=線の太さ、adjust=数値(曲線のなめらかさを調整、通常は1、数値が大きい方がなめらかに)を加えることで、味わい深いヒストグラムとなります。

```
> ggplot(mydata, aes(x=shortrib)) +
+   geom_density(color="black", lty=1, lwd=2, adjust=1)
```

手順3 手順2 では縦軸と横軸のスケールに不満があるかもしれません。関数scale_y_continuous(limits=c(下端の座標,上端の座標))で縦軸、関数scale_x_continuous(limits=c(左端の座標,右端の座標))で横軸のスケールを調整します。また、引数breaks=c(1つ目の目盛り, 2つ目の目盛り, …)やlabels=c("1つ目の目盛りのラベル","2つ目の目盛りのラベル", …)で、表示する目盛りと、そのラベルを指定することもできます。

```
> ggplot(mydata, aes(x=shortrib)) +
+   geom_density(color="black", lty=1, lwd=2, adjust=1) +
```

```
+    scale_y_continuous(limits=c(0,0.1)) +
+    scale_x_continuous(limits=c(20,60), breaks=c(30,40,50),
+                        labels=c("30皿","40皿","50皿"))
```

手順4 手順3 のでき栄えで十分ですが、密度曲線の作成方法にこだわりたい方は、引数 adjustの代わりに、bw="nrd"でScottの方法、引数 bw="SJ"でSheather & Jonesの方法による密度曲線も作成できます。興味のある方はRStudioのヘルプを参照ください。

```
> ggplot(mydata, aes(x=shortrib)) +
+    geom_density(color="black", lty=1, lwd=2, bw="SJ")
> help(bw.SJ)
```

∽∽ 完 成 ∽∽

RStudioの右下の画面にグラフが表示されます。今回は 手順3 の結果を示します。

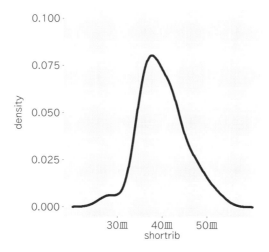

密度曲線の解釈方法と確率計算、正規分布との関係

密度曲線とヒストグラムの違い

　密度曲線は連続データの分布を示すためのグラフで、「ヒストグラムの棒をなめらかな曲線にした」ものと理解できます。ヒストグラムだと棒がガタガタしているため分布の傾向が掴みにくいですが、密度曲線は分布の傾向が掴みやすいメリットがあります。また、連続データの確率分布は曲線で表しますので、これとの対応も取れています。ちなみに、密度曲線の横軸はヒストグラムと同じ「カルビの注文数」ですが、縦軸は「密度（起こりやすさ）」になります。

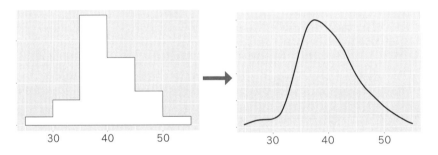

　Recipe 1.2で作成したヒストグラムでは、「カルビの注文数が40皿を超える確率」は「40皿を超える部分の棒」を足し合わせ、データ数で割り算することで求めました。密度曲線の場合は、「カルビの注文数が40皿を超えた部分の面積」を計算することで、「カルビの注文数が40皿を超えた日の確率（％）」がわかります。通常、密度曲線から面積を求める計算は難しいのですが、Recipe 1.2で作成したヒストグラムから「カルビの注文数が40皿を超える確率」は43.3％になりましたので、密度曲線では右のグラフの濃いグレー部分の面積がこれに相当すると考えられます。

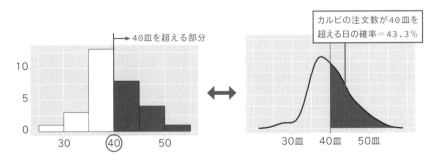

密度曲線と真ん中の指標との関係

　密度曲線は、その形から読み取れる情報がいくつかあります。まず、曲線の頂点（山の1番高い点）は、最頻値を表します。分布が1つの山形でぴったり左右対称の場合は、平均値と中央値と最頻値が一致しますが、今回のカルビの注文数のデータのように、分布が1つの山形で右の裾（すそ）が広い分布は「最頻値＜中央値＜平均値」という関係になります。また、逆に分布が1つの山形で左の裾が広い分布では「平均値＜中央値＜最頻値」という関係になります。

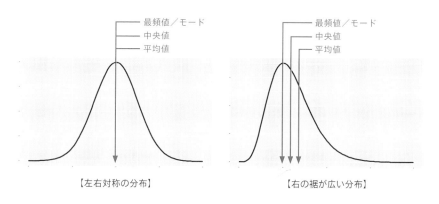

密度曲線と正規分布

　データの分布が素直な場合、データが増えていけば左上のグラフのように左右対称で1つの山形に近づいていきますが、この分布が「正規分布」と呼ばれるものです。以下は、今回のカルビの注文数のデータを密度曲線にしたものを実線、正規分布を点線で描いてみたものです。今回のカルビの注文数のデータは右の裾が少し広いけど、だいたい正規分布に近くなっていることがわかります。

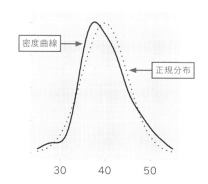

実 食

ヒストグラムは知ってましたが密度曲線なんてグラフがあるんですねぇ。棒の数で形がすぐに変わるヒストグラムよりも、密度曲線の方が分布の傾向がわかりやすいです。……って、あれ？ そういえば、僕、マスターに「平均値は40皿ですから、これからはカルビの仕入れを1日あたり40皿にしてはどうですか？」と提案しようとしたら、ヒストグラムや密度曲線を作成することになって、マスターへ提案するのを忘れてました。どうして平均値だけで1日あたりの仕入れ数を決めちゃいけないか、そろそろ教えてくださいよ

この世の中に、ヒストグラムだの密度曲線だの、分散だの標準偏差だの正規分布だのがあるのは、なんのためだか、あなたは、ご存じないでしょう。だから、いつまでも不幸なのですわ

だ……、太宰？

カルビの仕入れを1日あたり40皿にするということは「1日のお客さんの注文数が40皿以下ならば品切れなし」「1日のお客さんの注文数が40皿を超えると品切れ」ってことよね。品切れになる（1日のお客さんの注文数が40皿を超える）確率はいくらだったかしら

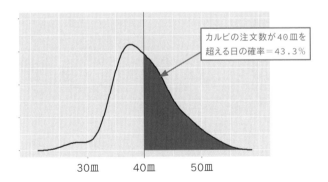

カルビの注文数が40皿を超える日の確率＝43.3％

え〜と、確か43.3％です

ということは1週間のうち3日はカルビが品切れになっちゃうのよ。マスターは納得するかしら

なるほど、ダメそうですね。おかみさんが「平均値でいいのかしら」「グラフも書かないうちから」とおっしゃっていた理由がわかってきました。で、僕はどうすればいいのでしょう……

 それはね、次のレシピで教えてあげますわ

=== まとめ ===

☑ 密度曲線は、ヒストグラムの棒をなめらかな曲線にしたもの

☑ 密度曲線では、最頻値は山の一番高いところ

☑ 密度曲線にて「カルビの注文数が40皿を超えた部分の面積」を計算することで「カルビの注文数が40皿を超えた日の確率（％）」が計算できる

☑ 分布がぴったり左右対称の場合は、平均値と中央値と最頻値が一致する

☑ 右の裾（すそ）が広い分布は、最頻値＜中央値＜平均値」という関係に

Recipe 1.4
レシピ
1つの連続データの
ばらつきを計算したい

時間 5min ⏱

用途例 「1日のカルビの注文数」のデータ30日分について「ばらつき」を計算します

☑ 分散、標準偏差、信頼区間を計算しよう

☑ 正規分布と標準偏差の味わい深い関係を見てみよう

☑ 信頼区間を少しだけ味見しよう

〜〜材料〜〜

Recipe 1.1と同じく、それぞれの日（変数名：day）のカルビの注文数（変数名：shortrib、単位は皿）のデータを使います（P.5参照）。

〜〜準備〜〜
（下ごしらえ）

材料（データ）をRに読み込ませ、お好きな方法でデータフレーム「mydata」を作成します。今回はRecipe 1.1の 方法3 を使用します。

```
> mydata <- data.frame( day=1:30, shortrib=c(35, 35, 40, 52,
+   43, 43, 38, 42, 41, 47, 46, 36, 36, 39, 47, 42, 43, 38,
+   49, 39, 36, 42, 38, 36, 38, 36, 28, 38, 42, 35) )
> head(mydata)
```

実行すると、カルビの注文数のデータが読み込まれ、左下「コンソール画面」にデータフレーム「mydata」の1〜6行目が表示されます。これで準備は完了です。

```
> head(mydata)
   day  shortrib
1    1        35
2    2        35
3    3        40
4    4        52
5    5        43
6    6        43
```

〜〜〜 手 順 〜〜〜

手順 1　データフレーム「mydata」の変数shortrib（カルビの注文数）の分散を求める場合は、以下を実行します。

```
> var(mydata$shortrib)
```

手順 2　変数shortrib（カルビの注文数）の標準偏差を求める場合は、以下を実行します。

```
> sd(mydata$shortrib)
```

手順 3　手順2では小数が並びすぎていて見にくい、という方は関数round(結果, 小数点以下桁数)をさらに適用し、小数点以下の値を丸めます（ここでは小数第3位以下の値を丸めます）。

```
> round(sd(mydata$shortrib), 2)
```

手順 4　変数shortrib（カルビの注文数）の95％信頼区間を求める場合は、以下を実行します。引数conf.levelの値を変更すると、信頼係数が変わります（例えば、conf.level=0.9ならば90％信頼区間に）。

```
> t.test(mydata$shortrib, conf.level=0.95)
```

～～完成～～

RStudioの左下「コンソール画面」に結果が表示されます。今回は 手順1 、 手順3 、 手順4 の結果を示します。 手順3 では、5.00となっているので5のみ表示、 手順4 は下から4行目が95％信頼区間となっています。

```
> var(mydata$shortrib)              # 手順1
[1] 24.96552
> round(sd(mydata$shortrib), 2)     # 手順3
[1] 5
> t.test(mydata$shortrib)           # 手順4

        One Sample t-test
data:  mydata$shortrib
t = 43.848, df = 29, p-value < 2.2e-16
alternative hypothesis: true mean is not equal to 0
95 percent confidence interval:
 38.13426 41.86574    ◀── 95%信頼区間
sample estimates:
mean of x
      40
```

ばらつきの指標と正規分布との関係、信頼区間の意味

ばらつきの捉え方

「カルビの注文数の平均値は40皿」という情報だけで、1日あたりのカルビの仕入れ数を決めることは危険です。その証拠に、Recipe 1.2〜1.3での計算結果では、「カルビの仕入れを1日あたり40皿」とすると、1週間のうち3日はカルビが品切れになる結果となりました。しかし、例えば以下のようなデータであればどうでしょうか。

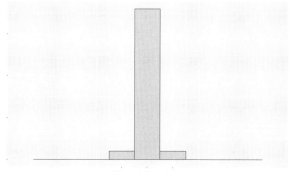

39皿 40皿 41皿

　このデータではほぼ毎日カルビの注文数が40皿なので、売り切れも品切れもほぼ起きず、平均値にて「カルビの仕入れを1日あたり40皿」と提案することで問題ありません。つまり、この場合は「多くのデータが平均値（40皿）の近くにある」から、言い換えると「平均値のある場所からデータが散らばっていない」から、1日あたりの仕入れ数を40皿にしても安心なのです。この状態を「ばらつきが小さい」と呼びます。

　一方、今回のカルビの注文数のデータは、ヒストグラムや密度曲線を見てもわかる通り、平均値である40皿から近いデータもあれば、離れているデータも結構あります。品切れになる確率も43.3％であり、しかも平均値のある場所から結構散らばっています。つまり「平均値のある場所からデータが散らばって」いて、先程のデータよりも「ばらつきが大きい」と言えます。

　このように、「ばらつき」は「平均値のある場所からデータがどれだけ散らばっているか」を表します。カルビの注文数は日によって変動するのが普通なので、平均値だけではなくばらつきも考える必要があります。

分散と標準偏差

　「ばらつき」の指標として「分散」と「標準偏差」があります。それぞれの意味や役割を説明する前に、計算式を確認してみましょう。データ数がn個（今回のカルビの注文数のデータの場合、n＝30）の分散、及び標準偏差を計算式は以下のようになります。

$$
分散 = \{ (1番目の値 - 平均値)^2 + (2番目の値 - 平均値)^2 + \cdots + (n番目の値 - 平均値)^2 \} \div (n-1)
$$

$$
標準偏差 = \sqrt{分散}
$$

　分散の計算式を見ると、それぞれのデータについて「平均値からの距離の2乗」を足し合わせて「データ数-1」で割り算しています。つまり分散は、大まかに言えば「平均値からの距離の2乗」の平均値になります。分散の値は、元のデータの単位の2乗（この場合は「皿×皿」）なので、そのままでは使いにくいです。そこで分散の平方根（ルート）を計算して単位を元に戻す計算（この場合は「皿」）を行います。この値が標準偏差です。まとめると、以下のような関係が成り立ちます。

✓ ばらつきが小さい → 平均値のある場所からデータがあまり散らばっていない
　➡ **標準偏差が小さい**
✓ ばらつきが大きい → 平均値のある場所からデータがよく散らばっている
　➡ **標準偏差が大きい**

　今回の例では、カルビの注文数のデータの平均値は40皿、標準偏差は5皿なので「お客さんは1日あたりカルビを40皿注文するけど、その前後に5皿ほどばらつきがある」ということになります。

正規分布と標準偏差をつなげて考える

　標準偏差を求めたことで、ばらつきの大きさを掴むことができました。今回のデータは、密度曲線で確認した通り、比較的正規分布に近い形のため、これを絡めて利用することができます。正規分布の形は標準偏差だけで決まるため、「カルビの注文数のデータが正規分布に従うと仮定」すると、カルビの注文数のデータの平均値は40皿、標準偏差は5皿なので「平均値±標準偏差の範囲」、つまり「35皿～45皿」の間に約70％のデータが含まれることが計算なしでわかるのです。

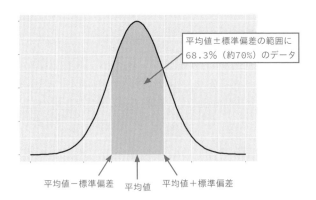

平均値－標準偏差　　平均値　　平均値＋標準偏差

平均値±標準偏差の範囲に
68.3％（約70％）のデータ

　平均値だけを用いてカルビの仕入れを1日あたり40皿（平均値）にすると、品切れになる確率（1日のお客さんの注文数が40皿を超える確率）は43.3％でした。一方、「データが正規分布に従うと仮定」、正規分布は左右対称であることと標準偏差を加味し、カルビの仕入れを1日あたり45皿（平均値＋標準偏差）にすると、品切れになる確率は15％（月に4〜5日だけ品切れになる）となり、だいぶ品切れの確率が小さくなることがわかります。

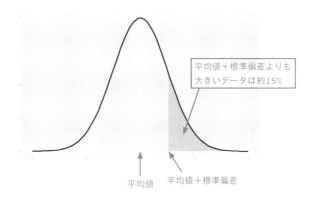

平均値＋標準偏差よりも大きいデータは約15％

平均値　　平均値＋標準偏差

　さらに「データが正規分布に従うと仮定」すると、「平均値±2×標準偏差の範囲」の間に約95％のデータが含まれることもわかっています。今回の例ではカルビの注文数のデータの平均値は40皿、標準偏差は5皿ですので、「平均値±2×標準偏差の範囲」、つまり「30皿〜50皿」の間に約95％のデータが含まれることになります。

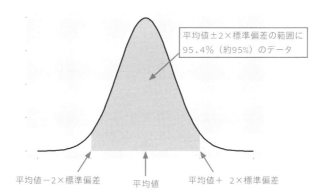

平均値±2×標準偏差の範囲に95.4％（約95％）のデータ

平均値−2×標準偏差　　平均値　　平均値＋　2×標準偏差

　カルビの仕入れを1日あたり50皿（平均値＋2×標準偏差）にすると、正規分布は左右対称であることから、品切れになる確率は2.5％、つまり1カ月の間に1日の品切れが発生するかどうか、という結果になりました。これならばマスターも満足し

てくれそうです。

　ここで注意したいのは「データが正規分布に従うと仮定」する点です。今回のデータは1つの山形で正規分布に近い形でしたが、山形から大きく異なる形の場合は、今回の手法は適用できません。「データを要約する前に可能であればデータをグラフにする」ことは、正規分布に近いか否かを確認する意味でも重要な作業と言えます。

信頼区間のホントウの意味

　Recipe 1.4では、「信頼区間」という指標も求めています。信頼区間とはどのようなものでしょうか。

　統計的推測の考えでは「真の平均値」というものがあるとします。「1日あたりのカルビの注文数の真の平均値」はあるのですが、どんな値かはわかりません。一方、実際のカルビの注文数は、この「真の平均値」からばらつきをもって観測されるため、日々変動します。実際のデータをもとに真の値を推定しようとしたとき、「カルビの注文数の平均値は ● 皿」と1点で推定するよりも「カルビの注文数の平均値は ● 皿～ ■ 皿」と幅で予想する方が推定しやすく、このように幅で「真の平均値」を推定したものを信頼区間と呼びます。

　Recipe 1.4で求めた95％信頼区間は[38.13426, 41.86574]でした。これは「カルビの注文数の真の平均値がこの信頼区間の中に95％の確率で含まれている」ということではありません！ もし「真の平均値」が40皿なら[38.13426, 41.86574]という信頼区間の中に含まれていますし、もし「真の平均値」が45皿なら[38.13426, 41.86574]という信頼区間の中に含まれていません。つまり、この[38.13426, 41.86574]という区間に「カルビの注文数の真の平均値」が含まれる確率は100％（含まれる）か0％（含まれない）かのどちらかです。ただ、「真の平均値」は誰にもわからないため、100％か0％のいずれかすら判断できないのです。

95％信頼区間の「95％」とは

　では95％信頼区間の「95％」とは、どういう意味なのでしょう。

　「データを30日分集めて」「信頼区間を計算して」を100回繰り返し、それぞれ95％信頼区間を求めると、100個の95％信頼区間ができることになります。この100個の信頼区間のうち95個は「真の平均値」を含む、そんな信頼区間の求め方を95％信頼区間と呼びます。95％とは、そのようなヤヤコシイ意味なのです。

　ちなみに、信頼区間の幅を広げれば「真の平均値」を含む精度が上がり、区間の幅を狭くすれば「真の平均値」を含む精度が下がります。例えば99％信頼区間は「100個の信頼区間のうち99個が真の平均値を含む」ので、95％信頼区間よりも精度は高くなり、区間は広くなります。逆に、90％信頼区間は95％信頼区間よりも

精度が低くなり、区間は狭くなる仕組みです。この精度は信頼係数と呼ばれ、95%がよく使われます。

実 食

マスター！カルビの仕入れの数、計算できましたっ！どうもお待たせしてすみません

 何の話や？

えっ？ ほら……、あの、毎日カルビが売れ残って大量に余るから、マスターが僕に「品切れしない程度で1日の仕入れの数を決めてくれ」っておっしゃったから、カルビの注文数のデータを1カ月集めて、いろいろ計算したんですよ

 そやったかいな？ 覚えてへんわ

え〜、そりゃひどいですよ。「お前が言い値を言うてみぃ」とか「信用第一や」とか言ってたくせに……

 わし、今日、機嫌が悪いんや。パチンコで大負けしてもうてやなぁ、ほんま、胸が張り裂けそうで、涙で明日が見えへんねん

1滴も涙出てませんけど……

 うるさいっ！冷たいこと言いよるなぁ、繊細な心の持ち主に。わしのガラスのハートは今ちょうど割れてしもうて粉々に砕けて散らばってしもうたわ。掃除が大変やっ！

（ヤバい、今日は相当面倒くさいなぁ……）

 明日からどない生きていこか、かみさんから小遣い前借りしよか……、ブツブツ

と、とにかく、お話だけでも聞いてくださいよ。頑張って計算したんですから

 も〜、後にしてくれや。わし、今、そんな気分やないし。え……、しゃ〜ないなぁ。特別やで

（ナンボ、ナンボて、お前が言うてみぃ〜って言ってたくせに……）
あのですね、かくかくしかじかで……、要はカルビの仕入れを1日あたり50皿にすると、仕入れの数を減らせますし、品切れも月に1日あるかないかですので、問題ないと思います

 ……あのなぁ

はい？

 そんなもん、たった1カ月しか取ってへんデータ、信用なんかできるかいっ！ そんなもんで仕入れの数を減らせられるかいな。こっちは50年近くやっとんねん。長年の経験と勘で1日100皿分のカルビを仕入れて、やってきとるねん

1日100皿もカルビを仕入れてたんですかっ?! そりゃ余るはずだ

 うるさいっ！ 仕入れは100皿のままやっ！

ひどいですよ……「理屈が通っとったら仕入れの数を減らそやないか」って、おっしゃってたのに

 理屈が通ってへんやないか。あのな、パチンコと予測は当たらへんようになっとんねん。ましてや、たったの1カ月のデータで長年の仕入れ数を変えれるかいな。せめて数年分のデータがあれば話は別やけどな。さ、話は終わりやっ、仕込みの準備やっ！（店の奥へ）

（数分後）

 お疲れ様〜。さ、今日も頑張りましょうね。……あら、涙目ね。明日は見えてるかしら

大変なことになってしまいまして……

まぁ、日本の政治が?

そんな大きな話はしていません……。さっきマスターとかくかくしかじかで……

あらあら、お気の毒ね。お話するタイミングが悪かったんじゃない? いつもはそんな人じゃないもの。そんなに機嫌が悪いってことは、パチンコで負けでもしたのかしらねぇ

涙で明日が見えないくらい負けたそうですよ。いくら負けたんだろ

でもあの人、1円パチンコしかしないし、お小遣いも毎日1,000円よ。いいわねぇ、1,000円でそんなに熱くなれるなんて。惚れ直しちゃう♪

意外と健全なんですね、マスター

ああ見えてね。ところで、うちの人の言うことも一理あるのよ。頑張って1カ月分のデータを集めてくれたけど、それでもデータ数は高々30個よね。予測のもとにするには少ないわ

え〜……、そうなんですね。じゃあどれ位のデータがあればいいんですか?

分野や状況にもよるから目安を言うのは難しいけど。うちの人は「数年分」って言ったみたいだけど、例えばこんな感じで見直すのも1つの手よね

1 1カ月分のデータを集める
2 データのグラフ作成や解析をして「カルビの仕入れ数」を決める
3 次の月も1カ月分データを集める
4 データのグラフ作成や解析をして「カルビの仕入れ数」を見直す
5 次の月も……(以下繰り返し)

ありゃりゃ、結構大変なんですね

頑張って1カ月分のデータを取ってくれたのはイイけど、その1カ月は「たまたまカルビの注文が多かった」かもしれないし「たまたまカルビの注文が少なかった」かもしれないわよね。でも、データが数年分集まるのを待ってると、いつまで経ってもカルビの仕入れ数は変更できないわ。こういう手順が現実的よね

そうですか……。じゃ、じゃあ地道にデータを集め続けてグラフ作成や解析を行って、マスターを説得し続けるしかないんですね。トホホ……。また頑張ります

う〜ん、せっかく頑張ったのにかわいそうね。仕方がない、私からご褒美をあげましょうか。集めてくれた1カ月分のデータから「数年分、数十年分、数百年分のデータ」を一瞬で作る方法があるから

えっ?!そんな夢のような方法があるんですかっ?!

カルビ1皿あたりの仕入れ値は200円、販売価格は850円で、ゴニョゴニョ……。あと、うちの人にはこういうのよ、ゴニョゴニョ……

=== まとめ ===

☑ 分散も標準偏差もばらつきの指標、分散のルートを計算したものが標準偏差

☑ ばらつきが小さい → 平均値のある場所からデータがあまり散らばっていない → 標準偏差が小さい

☑ ばらつきが大きい → 平均値のある場所からデータがよく散らばっている → 標準偏差が大きい

☑ データが正規分布に従うと仮定すると、平均値±標準偏差の範囲に約70%のデータが含まれる

☑ データが正規分布に従うと仮定すると、平均値±2×標準偏差の範囲に約95%のデータが含まれる

☑ 95%信頼区間は「真の平均値がこの信頼区間の中に95%の確率で含まれている」ではない!

Recipe 1.5
レシピ

1つの連続データをシミュレーションで大量に作ってみたい

時間 10min ⏱

用途例 「1日のカルビの注文数」の要約統計量をもとに、未来の「1日のカルビの注文数」を20,000日分予測し、「平均注文数」「品切れ割合」「平均利益」を計算します。

☑ シミュレーションの香りを味わおう

☑ 要約統計量や確率分布だけの考察から一歩外に踏み出そう

☑ 予測の雰囲気・楽しさを味わおう

〜〜 材料 〜〜

以下の仮定が材料です。

✓「1日のカルビの注文数」の平均値は40皿、標準偏差は5皿
✓「1日のカルビの注文数」のデータは正規分布に従う
✓ カルビ1皿あたりの仕入れ値は200円、販売価格は850円

〜〜 準備 〜〜
（下ごしらえ）

以下の関数mysimulation()を定義しておきます。

```
> mysimulation <- function(order, mean=40, sd=5, times=20000,
+                           seed=123456790, plot=T) {
```

```
+    day      <- 1:times
+    shortrib <- c()
+    outstock <- c()
+    profit   <- c()
+    mymean   <- 0
+
+    myround <- function(x, n=0) {
+      floor( round(abs(x)*10^(n)+0.5,10) )*sign(x)/10^(n)
+    }
+    set.seed(seed)
+    for (i in day) {
+      shortrib <- c( shortrib, myround(rnorm(1, 40, 5)) )
+      outstock <- c( outstock, ifelse(shortrib[i]>order, 1, 0) )
+      profit   <- c( profit,
+                     850*min(shortrib[i],order)-200*order )
+      mymean   <- mymean + min(shortrib[i],order)/times
+    }
+    result <- data.frame(day=day, shortrib=shortrib,
+                         outstock=outstock, profit=profit)
+    print( paste("平均注文数:", round(mymean, 1), "皿"), quote=F)
+    print( paste("品切れ割合:",
+                 round(100*mean(outstock),1), "%"), quote=F)
+    print( paste("平均利益:",
+                 round(mean(profit), 1), "円"), quote=F)
+
+    if (plot==T) {
+      library(ggplot2)
+      g <- ggplot(result, aes(x=day, y=shortrib)) + geom_line() +
+           geom_hline(yintercept=order, color="red", lwd=2)
+      print(g)
+    }
+    return(result)
+ }
```

〜◇ 手順 ◇〜

手順
1

シミュレーションの味見（試運転）として、1日のカルビの仕入れ数を40皿と
したときの「平均注文数」「品切れ割合」「平均利益」を計算します。繰り返
し回数は味見（試運転）ですので、100回と少なめに行ってみます。

```
result <- mysimulation(order= 40, times=100)
```

| 手順2 | 1日のカルビの仕入れ数を40皿（order=40）としたときの「平均注文数」「品切れ割合」「平均利益」を計算します。繰り返し回数は20,000回（仮想的ではありますが、20,000回÷365日≒54年分のデータ）です。 |

```
> result <- mysimulation(order=40)
```

| 手順3 | 1日のカルビの仕入れ数を50皿（order=50）としたときの「平均注文数」「品切れ割合」「平均利益」を計算します。繰り返し回数は20,000回（仮想的ではありますが、20,000回÷365日≒54年分のデータ）です。 |

```
result <- mysimulation(order=50)
```

| 手順4 | 1日のカルビの仕入れ数を100皿（order=100）としたときの「平均注文数」「品切れ割合」「平均利益」を計算します。繰り返し回数は20,000回（仮想的ではありますが、20,000回÷365日≒54年分のデータ）です。 |

```
> result <- mysimulation(order=100)
```

～完 成～

RStudioの左下「コンソール画面」に計算結果が表示されます。今回は
手順2 〜 手順4 の結果を示します。

```
> result <- mysimulation(order= 40)    # 手順2
[1] 平均注文数: 38.1 皿
[1] 品切れ割合: 46.4 %
[1] 平均利益: 24355 円

> result <- mysimulation(order= 50)    # 手順3
[1] 平均注文数: 40 皿
[1] 品切れ割合: 1.8 %
[1] 平均利益: 24024.7 円
```

```
> result <- mysimulation(order=100)    # 手順4
[1] 平均注文数: 40.1 皿
[1] 品切れ割合: 0 %
[1] 平均利益: 14058.7 円
```

RStudioの右下の画面にグラフが表示されます。まず 手順1 の結果を示します。グラフの横軸は日、縦軸はそれぞれの日のカルビの注文数（品切れ考慮前の数、グラフで品切れの度合いを視覚化するため）を表しています。「y=40」の横線は「1日のカルビの仕入れの数」となっており、横線から上にはみ出たことが「品切れ」を表しています。平均注文数を計算する際は、品切れとなった場合を考慮して計算しています。

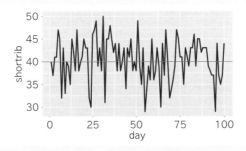

次に 手順3 の結果を示します。グラフの横軸と縦軸は上記と同様ですが、繰り返し回数が20,000回（約54年分）のため、折れ線グラフが見づらくなっています。「y=50」の横線は「1日のカルビの仕入れの数」となっており、横線から上にはみ出たことが「品切れ」を表し、はみ出した黒い部分を見ることで「品切れを起こしている割合」が視覚的にパッとわかります。平均注文数を計算する際は、品切れとなった場合を考慮して計算しています。

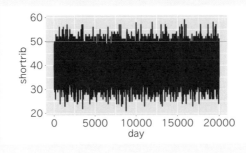

シミュレーションを繰り返すと何が見えてくる？

シミュレーションの中身

　Recipe 1.5の 手順2 ～ 手順4 では、1日のカルビの仕入れ数を40皿、50皿、100皿としたときの「平均注文数」「品切れ割合」「平均利益」を20,000回繰り返して計算しました。例えば、1日のカルビの仕入れ数を40皿とした場合のシミュレーションの中身は、以下のようになります。

> ① 「平均値：40皿、標準偏差：5皿」の正規分布から「1日のカルビの注文数」のデータを乱数で生成（結果は四捨五入して整数に）
>
> ② ①で生成した「1日のカルビの注文数」と「1日の仕入れの数：40皿」を比較して、実際の注文数や品切れかどうかの判定を行う。例えば①で生成した「1日のカルビの注文数」が43皿となった場合、仕入れの数（40皿）を超えているので、この日は「品切れあり」「注文数は40皿」と判定する
>
> ③ ②の結果と「カルビ1皿あたりの仕入れ値は200円、販売価格は850円」から1日の売り上げを計算
>
> ④ ①～③を20,000日分繰り返すと、「1日のカルビの注文数」「品切れしたかどうか」「1日の売り上げ」のデータが20,000日分でき上がる。これらを平均して（20,000で割り算して）「平均注文数」「品切れ割合」「平均利益」を計算

　この手法は「モンテカルロ法」と呼ばれるものです。モンテカルロ法を用いることで、すなわち同じこと（今回はシミュレーション①～③）をたくさん繰り返して平均値を取ることで、求めたい値（今回は平均注文数、品切れ割合、平均利益）の近似値を得ることができます。このことは「大数の法則」で保障されています。また、「中心極限定理」という定理で「繰り返し回数を増やせば増やすほど精度が上がる」ことが保証されています。

シミュレーションを行う利点

　シミュレーションを行うことで、グラフや要約統計量を見ただけではわからない発見が得られる場合があります。特に、状況が複雑で統計的な理論や定理を適用することが難しい場合に威力を発揮します。今回は、Recipe 1.5の 手順2 と 手順3 の結果より、1日のカルビの仕入れの数を40皿にしても50皿にしても、売り上げは

変わらず、50皿にすると品切れ割合が格段に減ることがわかりました。

1日のカルビの仕入れの数 = 40皿	1日のカルビの仕入れの数 = 50皿
平均注文数: 38.1 皿 品切れ割合: 46.4 % 平均利益: 24,355 円	平均注文数: 40 皿 品切れ割合: 1.8 % 平均利益: 24,024.7 円

シミュレーションを繰り返せば

　当然ながら、シミュレーションの結果は前提条件が大きく影響します。つまり扱う材料の仮定の確からしさが重要になってきます。今回の例で挙げた仮定は「1カ月分のデータ」がもとになっていますが、たった30日分のデータなので、もう少しデータがほしいところです。シミュレーションの精度を上げるためにも、以下のような見直しを都度行うべきでしょう。

> 1 1カ月分のデータを集める
> 2 シミュレーションをして「カルビの仕入れ数」を決める
> 3 次の月も1カ月分データを集める
> 4 シミュレーションをして「カルビの仕入れ数」を見直す
> 5 次の月も……（以下繰り返し）

　シミュレーションは「ある仮定の下」で実施したものなので、この仮定が崩れるとシミュレーションの結果は意味がなくなります。例えば、時が経つにつれてお客さんの傾向や売れ行きの傾向が変わっているにも関わらず古い情報のまま仕入れを行うのはよくありません。上記の手順で最新のデータを集めて見直しを行いましょう。

実 食

マスター、1日のカルビの売り上げってどれ位ですか？

またその話かいな。もう腹いっぱいや、カンニンしてくれ

1日のカルビの売り上げ、だいたい14,000円くらいじゃないですか？

ギクッ！な……、なんで知ってんねん？！

ふふふ、最先端のコンピューターを駆使しまして、20,000日分のデータ、すなわちっ！約54年分のデータをシミュレーションで生成したんですっ！

約54年いうたら、わしの焼き肉屋人生に匹敵、いや、超えてるやないか……。お前、なかなかやるな

確かに、マスターのおっしゃる通り「1日のカルビの仕入れの数を100皿」にすると、品切れは起こしませんが、利益も14,000円しかありません。でも、僕が提案した「1日のカルビの仕入れの数を50皿」とすると、1.8%……、え〜と、2カ月に1回は品切れを起こしますが、利益は僕の計算で24,000円まで跳ね上がります

1日のカルビの仕入れの数 ＝ 100皿	1日のカルビの仕入れの数 ＝ 50皿
平均注文数: 40.1 皿	平均注文数: 40 皿
品切れ割合: 0 %	品切れ割合: 1.8 %
平均利益: 14,058.7 円	平均利益: 24,024.7 円

カルビだけで1日1万円も売り上げアップか……。はっは〜ん、お前、黒帯4段やな

どうです？どうですっ？？

よっしゃ！1日のカルビの仕入れの数を50皿に変更やっ！

や、やったぁ〜！ありがとうございますっ！

ほんま、ようやってくれたなぁ。おおきにっ！時給を上げてやりたい気持ちでいっぱいなんやけど……

「気持ちだけ取っといて。釣りはいらんで」ですよね、わかってますって

 ほなっ!(店の奥へ)

 うまくいったようね

おかみさんっ!ありがとうございました!シミュレーションプログラムの おかげです!おかげでマスターを説得できました

 うちの人、売り上げの話には弱いから。売り上げによって臨時のお小遣いが 出るルールなの

あ〜、なるほど。だからマスターが食いついたんですね。パチンコに負 けて困ってましたからねぇ。しかし、相当な食いつきだったので、さぞか しお小遣いがアップすることでしょうねぇ

 え〜と、シミュレーション通りに売り上げが上がった場合は……、1日300円 アップね

え、結構シビアですね……

 うちは家計が苦しいんだな、大家族だもの

みつをですか……

= まとめ =

- ☑ 手元のデータをもとに、確率分布(例えば正規分布)や、平均値・標準偏 差を仮定することでシミュレーションができる
- ☑ シミュレーションにより、将来の予測ができる
- ☑ シミュレーションは「ある仮定の下」で実施したもの、この仮定が崩れる と結果も意味がなくなることに注意

Part 2

アンケートが雑すぎる

カテゴリデータの要約

アンケートが役立つか否かはまとめ方次第

どういう風の吹き回しか、マスターが急にアンケートを実施すると言い出しました。お客さんに記入してもらうのはよいのですが、結果は誰がまとめるのでしょう……。

焼肉屋きょうちゃん　緊急アンケート

ご住所：　　　　　　　　　　　　　お名前：

❶ このアンケートを何で知りましたか？
　　□お店　□ホームページ　□ネット検索　□家族や知人　□その他

❷ いちばん好きなメニューは何ですか？（1 つだけ回答）
　　□タン塩　□カルビ　□ハラミ　□ロース　□バラ　□その他

❸ 焼肉屋きょうちゃんに再来店したいですか？
　　□はい　□いいえ

ご協力いただきましてありがとうございます。

何ですか、これ？

 アンケートやがな。お客さんが会計しはるときに、チャチャッと書いてもろて。アンケートはうちの嫁はんが集めるわ。今日から早速やで

これ、お店のホームページか何かででも、お客さんに書いてもらうんですか？

 ホームページ？ そんな立派なもん、うちの店には置いてへんで

そうですよね。ネットで検索しても引っかからないですし、うちの店

 なんや、パソコン通信の話かいな。そんなハイカラなもん、知らんっ

ですよね。てことは、紙のアンケートで会計時にしか配らないのに「❶ このアン
ケートを何で知りましたか？」って質問、いりますかねえ……

 情報収集能力っちゅうやつや。前に近所の焼肉屋「ヨンカルビ」がアンケートを
取っとったんや。そんとき「❶ このアンケートを何で知りましたか？」って書いて
あったんやがな。わしは見逃せへんかったでえ

あ、あの全国チェーンの「ヨンカルビ」が。なるほど、「ヨンカルビ」の質問項目を
参考にして作られたんですね。しかも緊急で

 作ったんちゃう、パクったんや

せっかく「参考にして」って表現を柔らかくしてるのに、はっきりおっしゃいました
ね……。逆に潔いです

 限定80枚しか刷ってへんから、早いもん勝ちや。せいぜい書いてもろてや

は、はい。ちなみに、アンケート結果って……

 お前が数えるんやがな。心配すな、タダ働きやっ！コーヒーと営業方針はブラック
1本って、わしは決めとるんや

やっぱり……トホホ……

（数日後）

マスター、アンケート結果がまとまりましたよ

❶ このアンケートを何で知りましたか？

回答	人数
お店	80
ホームページ	0
ネット検索	0
家族や知人	0
その他	0

❷ いちばん好きなメニューは何ですか？
（1つだけ回答）

回答	人数
タン塩	20
カルビ	24
ハラミ	16
ロース	12
バラ	6
その他	2

❸ 焼肉屋きょうちゃんに再来店したいですか？

回答	人数
はい	71
いいえ	9

お客さん、嫌な顔ひとつせずに書いてくれましたよ。皆さん優しいですねぇ

 ほんま、お客様は神様やな。ありがたや、ありがたや……

皆さん真面目ですね。「❶ このアンケートを何で知りましたか？」で、ふざけて書く人、いませんでしたね

 この「ネット検索」って、何や？

なんでアンケートの作者が意味を知らないんですか……。まぁでも、この「❷ いちばん好きなメニューは何ですか？」は興味深いですね。このお店のお客さんは、皆さんカルビが好きかと思ったら、けっこうバラつきがありますね

 バラだけにな

（無視しよう……）

 バラだけに、なっ！

うっ。両目をしっかり見られてる……。は、はい。バラですね、バラ

お前っ！ 雇い主の渾身のギャグを無視するとは、ええ度胸しとるなぁ。わし、今から新聞とかチラシとか細かくちぎって紙吹雪を山ほど作る。ほんで今晩、お前の下宿の玄関とか庭にバラまいたるからな。バラだけになっ！

どんだけ陰険なんですか……やめてくださいよ

よっしゃ、ほな、このアンケート結果を綺麗なグラフにしたら許したる。お前の手が空いてるときでエエで。明日までや。緊急アンケートやさかいなっ！

ええ〜っ！ またデータ分析の無限ループが始まる予感……

Recipe 2.1
レシピ

カテゴリデータの棒グラフや帯グラフを作成したい

時間	10min 🕐

用途例　カテゴリデータの数（頻度）をグラフにして視覚的に見る

☑ アンケートの結果を「棒グラフ」にしてみよう

☑ データの種類について理解しよう

☑ アンケートの結果を「帯グラフ」にしてみよう

〜〜 材料 〜〜

　アンケートの「❷ いちばん好きなメニューは何ですか？（1つだけ回答）」に関するデータについて「棒グラフ」と「帯グラフ」を作成します。集計結果は、各メニュー（変数名：meat）に対するお客さんの回答数（変数名：number、単位は人）で構成されており、これを今回の材料とします。1行目に列名、2〜7行目にデータ、7行2列の形式です。

meat	number
タン塩	20
カルビ	24
ハラミ	16
ロース	12
バラ	6
その他	2

準備
（下ごしらえ）

材料（データ）をRに読み込ませ、データフレーム「mydata2」を作成します。方法は3種類ありますので、お好きな方法で準備してください。

方法 1 パッケージ「readxl」を呼び出し、Excelファイル「data.xlsx」を「C:\temp」フォルダに格納した後、シート「Sheet22」から読み込み

```
> library(readxl)
> mydata2 <- read_excel("c:/temp/data.xlsx", sheet="Sheet22")
> mydata2
```

方法 2 CSVファイル「Sheet22.csv」を「C:\temp」フォルダに格納した後、読み込み

```
> mydata2 <- read.csv("c:/temp/Sheet22.csv")
> mydata2
```

方法 3 RStudioの左上「ソース画面」にデータを手打ちした後、プログラムを実行することで読み込み

```
> mydata2 <- data.frame(
+   meat   =c("タン塩", "カルビ", "ハラミ", "ロース", "バラ", "その他"),
+   number=c(20, 24, 16, 12, 6, 2) )
> mydata2
```

方法1 〜 **方法3** のいずれかを実行すると、アンケートの「❷ いちばん好きなメニューは何ですか？」に関するデータが読み込まれ、左下「コンソール画面」にデータフレーム「mydata2」が表示されます。なお、Windows版RStudioでは、ファイルの場所を指定する際に「¥」「\」の代わりに「/」を使用する必要があります。例えば「read.csv("c:\temp\Sheet22.csv")」とするとエラーの原因になります。

```
   meat  number
1  タン塩     20
2  カルビ     24
3  ハラミ     16
4  ロース     12
5   バラ      6
6  その他      2
```

データフレーム「mydata2」
の1～6行目が表示される

データフレーム「mydata2」の全体を閲覧する場合は、RStudioの右上「Environment」タブから「mydata2」をクリックします。左上の画面にデータフレーム「mydata2」が表示されます。これで準備は完了です。

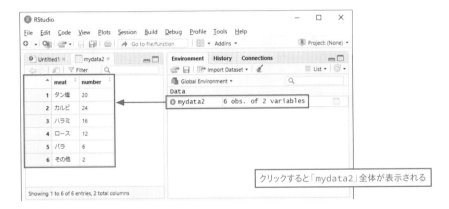

クリックすると「mydata2」全体が表示される

～手順～

| 手順 1 | まず、パッケージ「ggplot2」を呼び出します。次に、グラフの横軸を各メニュー（変数名：meat）、縦軸をお客さんの回答数（変数名：number）とするので、関数ggplot(データフレーム名, aes(x= meat, y= number))とし、関数geom_col()を加えて棒グラフを描きます。 |

```
> library(ggplot2)
> ggplot(mydata2, aes(x=meat, y=number)) +
+   geom_col()
```

手順
2

手順1 では棒グラフで描かれるメニューの種類が集計結果の順番と異なった形になります。メニューの順番を「タン塩、カルビ、ハラミ、ロース、バラ、その他」とするために、各メニュー（変数名：meat）を因子型データに変換、すなわちカテゴリの順番を明示したものを新たに変数meat2とし、データフレーム「mydata2」に代入します（下記1～2行目）。その後、関数 ggplot(データフレーム名, aes(x= meat2, y= number))とし、関数 geom_col()を加えて棒グラフを描きます。

```
> mydata2$meat2 <- factor(mydata2$meat,
+    levels=c("タン塩","カルビ","ハラミ","ロース","バラ","その他"))

> ggplot(mydata2, aes(x=meat2, y=number)) +
+    geom_col()
```

手順
3

手順2 では、横軸のメニューを「アンケートでの項目順」としましたが、「回答数の多い順」とすることもできます。まず、各メニュー（変数名：meat）を「回答数の多い順」に順番を付けたものを新たに変数meat3とし、データフレーム「mydata2」に代入します（下記1行目）。その後、関数ggplot(データフレーム名, aes(x= meat3, y= number))とし、関数geom_col()を加えて棒グラフを描きます。引数width＝棒の幅やcolor="棒の外側の色"、関数scale_fill_manual()の引数valuesに「1つ目の棒の色」「2つ目の棒の色」……、関数guides(fill=F)で余分な凡例を消す、などを指定すると、味わい深い棒グラフとなります。

```
> mydata2$meat3 <- reorder(mydata2$meat, -mydata2$number)
> ggplot(mydata2, aes(x=meat3, y=number, fill=meat3)) +
+    geom_col(width=0.5, color="white") +
+    scale_fill_manual(values=c("red","green","blue","yellow",
+                               "purple","gray")) +
+    guides(fill=F)
```

～⌒～ 完成 ～⌒～

RStudioの右下の画面にグラフが表示されます。今回は 手順3 の結果を示します。

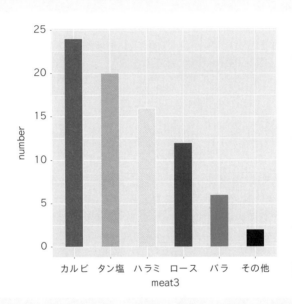

データの種類、棒グラフと帯グラフ

データの種類

　データの要約や解析を行う前に、まずデータの種類を確認することが大事です。例えば、データの分布をグラフにする場合、連続データはヒストグラムや密度曲線、カテゴリデータは棒グラフで表示するなど、データの種類によってグラフや手法を使い分ける必要があるからです。Part 1で示した「1日あたりのカルビの注文数」のデータは「連続データ」という種類でしたが、他にもさまざまな種類のデータがあります。

✓ 連続データ（計量値）
　➡体重、身長、BMI、1日あたりのカルビの注文数など
✓ カテゴリデータ（計数値）
　➡アンケートの回答数、「カルビ／タン塩／バラ」「あり／なし」の数など
✓ 順位データ
　➡順序が決まっているデータ、例えば「よい（3点）、普通（2点）、悪い（1点）」
　　など
✓ 日付データ
　➡2020/06/01、01JUN2020など
✓ 他にも、地理データなど

　ちなみに、アンケート項目の「❸ 焼肉屋きょうちゃんに再来店したいですか？」は
カテゴリデータですが、回答が「あり／なし」の2種類しかありません。このような「回
答が2種類しかない」カテゴリデータを、特別に「2値データ」または「バイナリデータ」
と呼びます。

棒グラフの注意点

　棒グラフは、各カテゴリのデータ数（頻度）をわかりやすく表示してくれる便利なも
のですが、表示の仕方に注意が必要です。「左からこの順番で、どうしても表示した
い！」というのであれば左下のような棒グラフでもよいですが、通常は数（頻度）の
多い順に表示することが一般的です。右下のグラフは見やすく、順番も明らかで「ど
の棒が高く、どの棒が低い」ことがすぐにわかります。アンケート項目の「❷ いちば
ん好きなメニューは何ですか？（1つだけ回答）」は、回答項目の順番は「タン塩、カ
ルビ、ハラミ、ロース、バラ、その他」でしたが、この順番に並べる必要はあまりなく、
数（頻度）の多い順に表示した方がわかりやすいです。

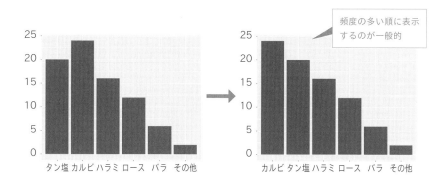

バイアスのないグラフを心掛ける

たまに参照線を加えた棒グラフを見かけます。この線が全体の平均値であれば「それぞれの棒が平均値よりも高いか低いか」を判断するよい材料になりますが、「カルビとタン塩を、他よりも多く・高く見せたい」というズルイ目的、専門用語でバイアス（偏り、先入観）をかける目的で参照線を引くことはお勧めしません。

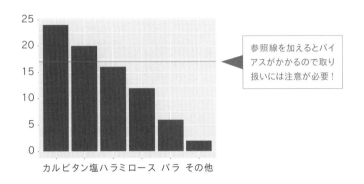

参照線を加えるとバイアスがかかるので取り扱いには注意が必要！

バイアスをかける例として「マスターはカルビ命なのでカルビの注文数を多く見せたい」という目的があるとします。この場合「上の棒グラフではインパクトに欠けるので、興味のないハラミやロースをグラフから省く」「縦軸も0からではなく、20から始めて差を強調する」などの操作ができます。

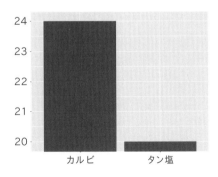

このグラフは「都合の悪いデータを省く」「差があるように見せるために縦軸を不必要に伸ばす」ことがバイアスにつながることになります。ご自身でグラフを作成する場合はもちろん、文献などで他の人が作成したグラフを見る際も「バイアスがあるかどうか」を注意することが大切です。

棒グラフ→帯グラフ

　カテゴリデータは帯グラフで表すこともできます。棒グラフでは、各カテゴリ（例えばカルビやタン塩）の数がバラバラに表示されますが、帯グラフでは「全体に対してカテゴリ（例えばカルビ）が占める部分」を表示することができます。Rでは棒グラフの作成プログラムとほぼ同じ描き方で、帯グラフが簡単に描けます。詳しくは次のRecipe 2.2で紹介しますが、関数ggplot(データフレーム名, aes(x="", y=number, fill=meat2))と変更し、関数geom_col()を加えるだけで帯グラフが完成します。ちなみに、変数meat2を変数meat3にすれば数（頻度）の多い順に変わります。

```
> ggplot(mydata2, aes(x="", y=number, fill=meat2)) +
+   geom_col()
```

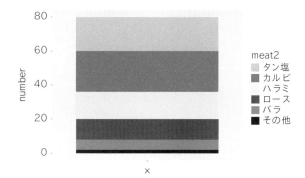

　上の帯グラフでは、「タン塩、カルビ、ハラミ、ロース、バラ、その他」の順となっています。逆の順番に並べたい場合は、関数geom_col()に引数position=position_stack(reverse=T)を付け加えるだけで切り替わります。合わせて「凡例も逆の順番にしたい」場合は、関数guides(fill=guide_legend(reverse=T))も追加します。

```
> ggplot(mydata2, aes(x="", y=number, fill=meat2)) +
+   geom_col(position=position_stack(reverse=T)) +
+   guides(fill=guide_legend(reverse=T))
```

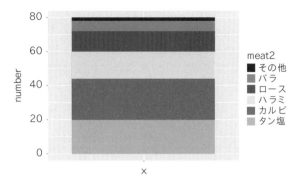

実 食

 あら、原色系のカラフルな棒グラフね。あなたの祖先はイタリアの方かしら♪

あ、おかみさん。お疲れ様です。マスターが急に「アンケートを取った。結果をグラフにしろ」と言うので、頑張ってグラフにしてみました。早く描かないと、今晩、僕の下宿が紙吹雪だらけになっちゃうので……

 まぁ、季節はずれの桜吹雪？

桜吹雪だったら、まんざら悪くないんですけど……。あ、おかみさんに聞きたかったんですが、こういう「❷ いちばん好きなメニューは何ですか？（1つだけ回答）」みたいなデータは棒グラフや帯グラフで表示することでイインですかねぇ。Google先生がそうおっしゃっていたんですが……

 そうねぇ、今回は円グラフがいいかもね。というか、円グラフにして

え、円グラフですか？！ せっかく棒グラフと帯グラフを作ったのに……、これで十分な気がするんだけどなぁ

┌─ まとめ ─────────────────────────────

☑ 必要のない／あまり意味のないアンケート項目を設定しないようにすべき

☑ データには「連続データ」「カテゴリデータ」やその他（順位データ、日付データ、地理データなど）があり、それぞれのデータに応じたグラフや解析方法を選択すること

☑ 棒グラフは、各カテゴリのデータの数（頻度）が表示できる便利なグラフだが、参照線や縦軸の範囲、データの間引きなど、見る人の目を悪い方へ向けない（バイアス・偏り・先入観を与えない）よう注意が必要

☑ 棒グラフの代わりに帯グラフを用いることで「全体に対してカテゴリが占める部分」が表示できる

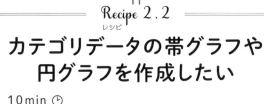

Recipe 2.2
レシピ

カテゴリデータの帯グラフや円グラフを作成したい

時間 10min ⏱

用途例 カテゴリデータの割合をグラフにして視覚的に見る

☑ 頻度と割合の違いを味わおう

☑ カテゴリデータを「帯グラフ」にしてみよう

☑ カテゴリデータを「円グラフ」にしてみよう

～◇ 材料 ◇～

アンケートの「❷ いちばん好きなメニューは何ですか？（1つだけ回答）」に関するデータの割合を計算した後、この割合について「帯グラフ」と「円グラフ」を作成します。Recipe 2.1と同じく、集計結果は、各メニュー（変数名：meat）に対するお客さんの回答数（変数名：number、単位は人）のデータを使います（P.52参照）。

～◇ 準備 ◇～
（下ごしらえ）

材料（データ）をRに読み込ませ、お好きな方法でデータフレーム「mydata2」を作成します。今回はRecipe 2.1の **方法2** を使用します。その後、各メニュー（変数名：meat）を因子型データに変換、すなわちカテゴリの順番を明示したものを新たに変数meat2とし、データフレーム「mydata2」に代入します（下記2〜3行目）。

```
> mydata2        <- read.csv("c:/temp/Sheet22.csv")
> mydata2$meat2 <- factor(mydata2$meat,
+   levels=c("タン塩","カルビ","ハラミ","ロース","バラ","その他"))
> mydata2
```

実行すると、アンケートの「❷ いちばん好きなメニューは何ですか？」に関するデータが読み込まれ、左下「コンソール画面」にデータフレーム「mydata2」が表示されます。これで準備は完了です。

```
  meat    number    meat2
1 タン塩      20     タン塩
2 カルビ      24     カルビ
3 ハラミ      16     ハラミ
4 ロース      12     ロース
5 バラ         6      バラ
6 その他       2      その他
```

∽ 手順 ∽

手順1 各メニュー（変数名：meat）に対するお客さんの回答数（変数名：number）の合計は、関数sum()で計算できます。これを用いて、各メニュー（変数名：meat）に対するお客さんの割合を新たに変数propとし、データフレーム「mydata2」に代入します（下記1行目）。

```
> mydata2$prop  <- mydata2$number / sum(mydata2$number)
> mydata2

  meat    number    meat2    prop
1 タン塩      20     タン塩    0.250
2 カルビ      24     カルビ    0.300
3 ハラミ      16     ハラミ    0.200
4 ロース      12     ロース    0.150
5  バラ        6      バラ    0.075
6 その他       2      その他    0.025
```

手順2 手順1 では割合が小数で表されています。パーセント（%）表記にしたい場合は、下記のように100倍しておきます。

```
> mydata2$prop <- mydata2$number / sum(mydata2$number) * 100
> mydata2

  meat    number    meat2      prop
```

1	タン塩	20	タン塩	25.0
2	カルビ	24	カルビ	30.0
3	ハラミ	16	ハラミ	20.0
4	ロース	12	ロース	15.0
5	バラ	6	バラ	7.5
6	その他	2	その他	2.5

手順3 パッケージ「ggplot2」を呼び出します。各メニュー（変数名：meat）に対するお客さんの割合（変数prop）について、関数ggplot(データフレーム名, aes(x="", y= prop))とし、関数geom_col()を加えて帯グラフを描きます。引数widthには棒の幅を、colorには棒の外側の色を指定します。関数scale_fill_manual()の引数valuesには「1つ目の棒の色」「2つ目の棒の色」……をそれぞれ指定します。

```
> ggplot(mydata2, aes(x="", y=prop, fill=meat2)) +
+   geom_col(width=0.5, color="white") +
+   scale_fill_manual(values=c("red","green","blue","yellow",
+                              "purple","gray"))
```

手順4 手順3 の関数ggplot()にて、関数aes(x=prop, y="")と、引数xとyの指定を逆にすると、帯グラフが横向きになります。ついでに、関数geom_col()に引数position=position_stack(reverse=T)を付け加えて帯（カテゴリ）の並び順を整え、関数theme(axis.title=element_blank())で軸のラベルを消しておきます。これで帯グラフの完成です。

```
> ggplot(mydata2, aes(x=prop, y="", fill=meat2)) +
+   geom_col(width=0.5, color="white",
+            position=position_stack(reverse=T)) +
+   scale_fill_manual(values=c("red","green","blue","yellow",
+                              "purple","gray")) +
+   theme(axis.title=element_blank())
```

手順5 手順3 の帯グラフに「円にしなさい」という命令である関数coord_polar("y")を付け加えるだけで、手順3 の帯グラフが円グラフに早変わりします（手順3 で指定した、引数widthの棒の幅や、colorの棒の外側の色は、ここでは外します）。

```
> ggplot(mydata2, aes(x="", y=prop, fill=meat2)) +
+   geom_col() + coord_polar("y") +
+   scale_fill_manual(values=c("red","green","blue","yellow",
+                               "purple","gray"))
```

手順
6

| 手順5 | の円グラフは、表示されるカテゴリの順が反時計回りになっています
が、日本でよく見る円グラフは時計回りです。関数rev()を使用して、各メ
ニュー（変数名：meat）を因子型データに変換し、カテゴリの順番を「タン
塩、カルビ、ハラミ、ロース、バラ、その他」の逆順としたものを新たに変数
meat4とし、データフレーム「mydata2」に代入します（下記1〜2行目）。
その後、| 手順5 | と同様の命令に加え、凡例を関数guides(fill=guide_
legend(reverse=T))で整え、関数theme(axis.title=element_blank())
で軸のラベルを消しておきます。これで円グラフの完成です。

```
> mydata2$meat4 <- factor( mydata2$meat, levels=rev(c("タン塩",
+   "カルビ","ハラミ","ロース","バラ","その他")) )

> ggplot(mydata2, aes(x="", y=prop, fill=meat4)) +
+   geom_col() + coord_polar("y") +
+   scale_fill_manual(values=rev(c("red","green","blue",
+                               "yellow","purple","gray"))) +
+   guides(fill=guide_legend(reverse=T)) +
+   theme(axis.title=element_blank())
```

∽ 完 成 ∽

RStudioの右下の画面にグラフが表示されます。今回は 手順4 の帯グラフと、手順6 の円グラフを示します。

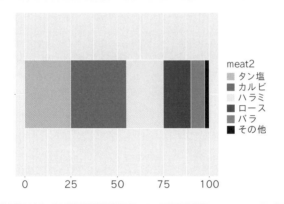

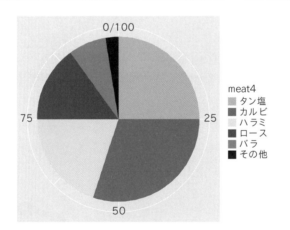

帯グラフと円グラフのよいところ、悪いところ

棒グラフ vs. 帯グラフ・円グラフ

　棒グラフも帯グラフ・円グラフもカテゴリデータを要約するためのグラフですが、どう使い分けるのがよいのでしょうか。例として、「❷ いちばん好きなメニューは何ですか？」のアンケートを男女別で取った場合で考えてみましょう。以下は、カルビを選んだ人の結果です。

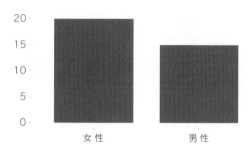

　グラフより「女性が20人、男性が15人」とわかり、一見すると女性の方がカルビ好き（女性に人気）であるように見えます。しかし、もしアンケートに答えてくれたお客さんが「女性100人、男性30人」だとすると、女性は100人中20人で20%がカルビ好き、男性は30人中15人で50%がカルビ好きとなり、結果が逆転してしまいます。

　この例からわかることは、「数（頻度）」を表した棒グラフでは、各カテゴリの分母が違うと「数（頻度）」での比較ができなくなるということです。一方、「割合」に関する帯グラフや円グラフでは「全体に対する各カテゴリの割合」を表すことができるため、カテゴリ同士の大小が比較できます。まず、「数（頻度）」をデータ数で割り算することで「割合（以下では変数prop）」を求めます。割合が小数で表記されていますが、パーセント（%）表記にする場合は 手順2 の方法を用いればよいでしょう。

```
> mydata2$prop  <- mydata2$number / sum(mydata2$number)
> mydata2

   meat  number  meat2   prop
1 タン塩     20   タン塩  0.250
```

2	カルビ	24	カルビ	0.300
3	ハラミ	16	ハラミ	0.200
4	ロース	12	ロース	0.150
5	バラ	6	バラ	0.075
6	その他	2	その他	0.025

[手順2] の方法で変数propの値をパーセント（％）表記に変換した後、[手順4] や [手順6] の方法で、「割合」に関する帯グラフや棒グラフを簡単に描くことができます。

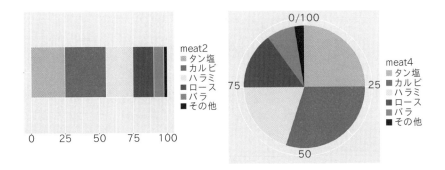

帯グラフ・円グラフの注意点

　もちろん、帯グラフや円グラフにも欠点はあります。仮にアンケートの質問が「❷いちばん好きなメニューは何ですか？（重複回答可）」だとすると、同じ人でカルビにもタン塩にもチェックを付けることができるため、分母が回答者数なのかチェックの総数なのかがよくわからなくなります。このような場合では、パーセントや割合を出すときの分母が定めにくくなるため、帯グラフや円グラフも作成しにくくなることがあります。

　また、以下のようにカテゴリの数が多いデータでは、帯グラフや円グラフは見づらくなるため、棒グラフの方がよい（マシ）かもしれません。ちなみに、帯グラフと円グラフの特徴に大きな違いはなく、どちらがよいかは好みの問題かもしれませんが、円グラフは「見づらい」「視覚的に誤解を与えやすい」「カテゴリの並べ方で印象が変わる」ことから、敬遠されることがあります。

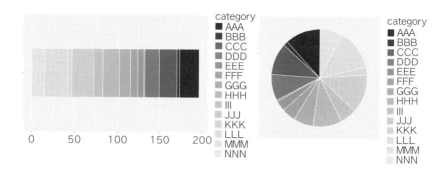

実食

マスター、何とかアンケート結果をグラフにしましたよっ。おかみさんから円グラフでお願いされたので円グラフにしてみたんですけど……って、プリントが落ちてる。なんだこれ？

算数の宿題　　　　　　　　●月▲日

（1）ぼくたち私たちの身近にはいろんなデータがあります。家の人に協力してもらって集めてみよう。

（2）集めたデータを度数分布表にしてみよう。その後、割合を求めてみよう。

（3）求めた割合について、円グラフにしてみよう。

あらあら、見られちゃった

?！これ、お子さんの宿題じゃないですか

そうなの、うちの5男坊がいま小学5年生なんだけど、5年5組の宿題でこんなの持って帰ってきちゃったみたいで。明日の5日が提出日だから、うちの人、あなたに面倒なことを言ったみたいで

なんか5が多すぎて内容がイマイチ入ってきませんが……

ごめんなさいね。うちの人、子供に「宿題教えて」ってオネダリされたみたいで、算数の教科書片手にウンウンうなりながら手伝っていたんだけど、途中で力尽きちゃったみたい。そうしたらうちの人、急に「あ、あいつがおるがなっ！　あいつにグラフ作らせたらエエがなっ！」って……。私、止めようと思ったんだけどね。思いが伝わらなかったみたい

あ、実際止めてはいただけなかったんですね……。いえいえ、お気持ちだけで結構です。しかし、凄いですね。お子さんの宿題のために、お客さんにアンケートまで取って……

「わしに任せとけ！」って。ああ見えてうちの人、子煩悩だから

面倒なことが嫌いなマスターが急にアンケートなんか取るから変だなぁと思ってたんですよ。でも、あのグラフをそのまま先生に出したら、親に手伝ってもらったのバレバレですけどね。大丈夫かな……

── まとめ ──

☑ 数（頻度）を表した棒グラフは、各カテゴリの分母が違うと数（頻度）での比較ができない

☑ 割合に関する帯グラフや円グラフは、「全体に対する各カテゴリの割合」を表し、カテゴリ同士の大小が比較できる

☑ 重複回答可の質問など、割合を計算する際の分母が不明確な場合は、帯グラフや円グラフの作成が困難

☑ 帯グラフや円グラフは、カテゴリの数が多いと見づらくなる

大手チェーン店に勝てるの？

大手焼肉チェーン店のクーポン券を手に入れたマスター。リピーターのお客さんが多かったことの還元セールらしいのですが、マスターのライバル心はみるみる……。

 えらいこっちゃ！ えらいこっちゃで！

ど、どうされたんですかっ?! 珍しく血相を変えて

 これ見てみいっ！

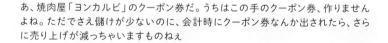

10% OFF

焼肉屋「ヨンカルビ」はリピート率80%を達成しました※!!!

本クーポン券を持参の上ご家族・ご友人と一緒に、

もっともっと来てください!!!（2020年●月▲日まで有効）

※お客様100人へのアンケート結果、76人が「また来たい」と回答、四捨五入

あ、焼肉屋「ヨンカルビ」のクーポン券だ。うちはこの手のクーポン券、作りませんよね。ただでさえ儲けが少ないのに、会計時にクーポン券なんか出されたら、さらに売り上げが減っちゃいますものねぇ

 クーポンなんか、どうでもええねん。「ヨンカルビ」、リピート率80%らしいやないかっ！ どおりで、うちに客があんまし来えへんはずや。あいつらに客、取られてしもうとるやないかっ！

まぁ、「ヨンカルビ」は安いし、メニューが豊富ですし、お店は綺麗でクーラーも壊れていませんし、ある程度は仕方がないんじゃないですかねぇ

 クーラーがナンボのもんじゃいっ！うちがチェーンの焼肉屋なんかに負けてたまるかいっ！ナンボやっ？

な、ナンボって、何がですか？

 うちのリピート率はナンボやっ？何パーセントやって聞いとるんやっ！

そんなの、今すぐわかるわけないじゃないで……、あっ！！！お子さんの宿題で取ったアンケートの「❸ 焼肉屋きょうちゃんに再来店したいですか？」が使えそうですねっ！

 それや！よっしゃ！ようやったわ、わし！自分で自分を褒めたりたいわっ！

マスターの手柄になるんですね……

 ほな、明日までにうちと「ヨンカルビ」のリピート率を比べてやな、うちが圧勝してるかどうか計算してこいっ！

明日までですかっ？昨日作ったあの円グラフとか、結構苦労したんですよ……

 若いうちの苦労は買ってでもせぇって、昔の偉い人も言うてるやないか。感謝せぇよ、わしにっ！

はぁ、今日も寝られそうにないなぁ

Recipe 2.3
レシピ

1つの割合に関する検定を行いたい

時間 5min ⏱

用途例 データから得られた割合が、ある値かどうかを統計的に検定する

☑ 検定を実施しよう

☑ 検定の目的や理屈を味わおう

☑ 検定で判断できることとできないことがあることを理解しよう

～～ 材料 ～～

アンケートの「❸ 焼肉屋きょうちゃんに再来店したいですか？」のデータから「はい」と回答した人の割合を計算した後、この値が80％かどうかを検定します。集計結果は以下の通りです。

回答	人数
はい	71
いいえ	9

データ数が少ないので、RStudioの左下「コンソール画面」で簡単な計算を行います。「はい」と回答した人の割合を「リピート割合」と呼ぶことにします。これで準備は完了です。

```
> ( x <- 71 )      # 「はい」の人数
[1] 71
```

```
> ( n <- 71+9 )      # 回答者の合計人数
[1] 80
> ( x/n*100 )        # 「はい」の人の割合（%）
[1] 88.75
```

〜 準 備 〜

（下ごしらえ）

1つの割合に関する要約と検定を行うための関数one_prop()を定義しておきます。これで準備は完了です。

```
> one_prop <- function(x, n, p0) {
+   p   <- x/n
+   CI  <- p + qnorm(0.975)*sqrt( (p*(1-p)/n) )*c(-1,1)
+   Pr  <- 2 * pnorm(abs((p-p0)/sqrt( p0*(1-p0)/n )), lower=F)
+   result        <- c( round(100*p,1), round(100*CI,2),
+     ifelse(Pr<0.0001, "<0.0001",as.character(round(Pr,4))) )
+   names(result) <- c("割合(%)","95%CI(下限)","95%CI(上限)",
+                       "p値")
+   print(result, quote=F)
+ }
```

〜 手 順 〜

手順1 関数one_prop(x＝はいの人数, n＝回答者の合計人数, p0＝比較したい割合)を指定します。

```
> one_prop(x=71, n=80, p0=0.8)
```

〜完成〜

RStudioの左下「コンソール画面」に、「はい」の人の割合（％）と、その95％信頼区間、p値が得られます。

割合(%)	95%CI（下限）	95%CI（上限）	p値
88.8	81.83	95.67	0.0504

割合と率の使い分け、統計的検定の考え方

割合と率

　焼肉屋「ヨンカルビ」のクーポン券には、リピート「率」という表現が記載されていました。また、Recipe 2.2では、帯グラフや円グラフで全体に対する各カテゴリの「割合」を表しました。どちらもパーセント（％）で表示されることが多く、世間でも「割合」と「率」はごっちゃに使われていることが多いです。ここで整理しておきましょう。

割合の意味

　「割合」は「全体に対する一部」で、分母は全体、分子は分母の一部です。「はいの割合」で言えば、分母は「アンケートに答えてくれたお客さん全員80人」、分子は「はいと回答したお客さん71人」ですので、「はいの割合」は以下のように計算できます。

$$はいの割合 ＝ 71人 ÷ 80人 × 100 ＝ 88.75\% ≒ 88.8\%$$

率の意味

　一方、「率」は「ある事が単位時間（例えば1年）の間に起こった数（頻度）」のことで、「割合」とは異なります。例えば、200人を1年間観察したときに5人がある病気に罹った場合、この病気の罹患率は「人数÷のべ観察期間」ですので5人÷200人年＝0.025〔人／年〕、すなわち1年間あたり0.025人が病気を罹ったという解釈になります。少し難しいですが、「率」は車の時速（1時間あたりの走行距離、単位は

〔km／時間〕）みたいなもの、と考えれば理解しやすいかもしれません。

　割合と率のうち、本書で出てくるものはすべて「割合〔％〕」となります。「ヨンカルビ」のクーポン券のように、「割合のことを率と言う」間違いをしないように注意しましょう。

検定の手順

　アンケート項目「❸ 焼肉屋きょうちゃんに再来店したいですか？」のデータから「はいの人の割合」を計算し、これが「80％」かどうかを調べます。「はいの人の割合と80％を単に比較すればよいのでは？」と思うかもしれませんが、データには「ばらつき」があるため、単純な比較はできません。

　例えば、「ちょうど80％である場合は同じ、少しでも80％からズレた場合は違うとする」としてみます。この場合「ちょうど80％ピッタリになる」ことは現実的にはほとんどありませんので、これではほぼ常に「違う」と判定されてしまいます。次に、「80％から少しだけズレた場合は同じ、80％から大きくズレた場合は違うとする」という基準を思いつきますが、以下の Ａ 〜 Ｆ で示す通り「どこまでズレたら大きくズレたと判定するか」という基準は設定が難しいです。

> Ａ 100％は80％よりも大きくズレている？
> Ｂ 90％は80％よりも大きくズレている？
> Ｃ 85％は80％よりも大きくズレている？
> Ｄ 82％は80％よりも大きくズレている？
> Ｅ 81％は80％よりも大きくズレている？
> Ｆ 80.1％は80％よりも大きくズレている？

←〔判定の基準設定が難しい〕

　ここでは「統計的検定」、略して「検定」という手法を使って比較を行いましょう。以下の手順で検定を行うことで「データのばらつき」を踏まえた上で比較を行うことができます。p値が非常に小さいかどうかの基準は「有意水準」と呼ばれています。有意水準としては5％が使用されることが多く、本書でも5％と設定します。

> ① 比較の枠組みを決める（何と何との間で、何の差を見つけたいかを決める）
> 　✓ 焼肉屋きょうちゃんの「リピート割合」と80％との間に差があるか
> 　✓ 焼肉屋きょうちゃんの「リピート割合」は80％ではないことを証明したい
>
> ② 2つの間には差がないと仮定する
> 　✓「リピート割合」は80％であると仮定する

✓ この仮定・仮説を「帰無仮説」という

③ 帰無仮説が成り立っている条件の下で（「差がない」と仮定して）得られた データよりも極端なことが起きる確率を計算し、この確率をp値（ぴーち）とする

④ 得られた確率を確認する
✓ p値が非常に小さい場合（5%よりも小さい場合）は「有意差あり」⇒「帰無仮説」が間違っていると判断し、「リピート割合」は80%ではないと結論する
✓ p値が小さくない場合（5%以上である場合）は「有意差なし」⇒「リピート割合」は80%ではないとは言えないとする

関数one_prop(x=71, n=80, p0=0.8)を実行することで、アンケート項目「❸ 焼肉屋きょうちゃんに再来店したいですか？」のデータから「はいの人の割合」が 88.8%と計算され、この割合が80%かどうかの検定が行われます。得られた確率 は「p値＝0.0504（5.04%）」であり、有意水準5%よりも大きいため「リピート割合」は80%ではないとは言えないと結論します。

```
> one_prop(x=71, n=80, p0=0.8)
    割合(%)   95%CI(下限)   95%CI(上限)      p値
     88.8        81.83         95.67      0.0504
```

検定で得られた確率「p値」

検定は「背理法」という考え方がもととなっていますが、ご覧の通り独特な考え方 で、理解が難しいです。ひょっとすると以下のような疑問を持たれたかもしれません。 この後の 実食 でゲームを通じて理解いただければと思います。

疑問1　「① 比較の枠組みを決めた」後、差があることを証明したいのに、どうして「② 2つの間には差がないという帰無仮説を仮定」するのか

疑問2　どうして「③ 帰無仮説が成り立っている下で、得られたデータよりも極端なことが起きる確率」をわざわざ計算するのか

疑問3　「④ 得られた確率（p値）が非常に小さい場合（5%よりも小さい場合）は有意差あり、差があると結論」するのか

実食

 刑事ドラマはお好き？

きゅ……、急に何ですか？

 あなたはコロンボ派？ それともポワロ派？

ど、どっちもわからないんですけど……。刑事ドラマですか。相棒とか、あと古畑任三郎は再放送で何度か観たことがあります。たまに観ると面白いですよね

 そう、じゃあコロンボ派ね。話が早いわ。事件が起こったときに刑事さんが「アリバイ」「アリバイは？」ってよく言ってるわよね。この「アリバイ」って何かしら？

「犯行時間に容疑者は別の場所にいた」とか、ですよね。正確な説明は……、え〜と、改まって考えると説明するのは難しいな

 ホントの警察の方がどう捜査されるかは知らないけど、刑事ドラマでは「容疑者が犯行時刻に犯行現場にいたかどうか」を巡って話が進んでいくことがよくあるわよね。でも、犯行時刻ちょうどに、犯行現場には、たいてい容疑者と被害者しかいないものよね

目撃者がいたんじゃ、そこでドラマが終わってしまいますもんね

 ドラマの設定上、「容疑者が犯行現場にいなかったことを<u>直接証明</u>するのは困難」なことが多いわ。だからドラマでは容疑者が「容疑者が犯行現場にいなかったことを<u>間接的に証明</u>」しようとして証拠を出す。その後、刑事さんがその証拠や理屈を崩そうとする、ってのが多いわね

難しくおっしゃいますね……。要は「オレはそのとき、別の場所にいた」ってやつですね

そうね。「アリバイ」は「容疑者が犯行現場にいなかったことの証明」なんだけど、直接これを証明することは困難だから「容疑者が犯行現場にいた」ことをいったん仮定しておいて「犯行時刻に別の場所にいた証拠」を出す。そうすると「容疑者が犯行現場にいた」と仮定すると矛盾が起きる ⇒ 仮定が間違い ⇒ つまり「容疑者が犯行現場にいなかった」と容疑者は主張するわけ。まとめると以下になるわ

1. 「容疑者は犯行時刻に犯行現場にいた」と仮定する
2. 「容疑者は犯行時刻に別の場所にいた」ことを主張する
3. 2 の主張が正しい場合、「同じ時刻に人間が異なる場所に複数いることは不可能」だから「1 容疑者が犯行現場にいた」という仮定が間違いとなり、「容疑者が犯行現場にいなかった」ことが証明される

あ～、主張したいことを直接証明するのが難しいから、主張したいことの逆を仮定して、その矛盾を突くわけですね。なるほど、間接的な証明っていう意味がわかりました

これが「背理法」という考え方よ。ところで、コイン投げはお好き？

話題を変えるの、下手ですね……。コイン投げに好きも嫌いも……、あ、100円玉だ

今から5回、100円玉を投げるわ。表と裏のどちらが出るか当ててちょうだい。全部当てたら、この100円玉をあなたにあげるわ♪ ところで、表が出る確率はいくらかしら？

1回目	2回目	3回目	4回目	5回目

50%です

じゃあ、裏が出る確率はいくらかしら？

からかわないでくださいよ。表も裏も同じ50%です

「表も裏も同じ50％」って言ったわね。じゃあ1回目ね

えっ、どういうことですか？ あ、投げるの待ってくださいよっ！ え〜と、表にします

1回目	2回目	3回目	4回目	5回目
100				

 裏が出たわね。100円チャンス失敗〜。「裏が出る確率は50％」でした。じゃあ次、2回目ね

「100万円チャンス」みたいに言わないでくださいよ……。え〜と、また表にします

1回目	2回目	3回目	4回目	5回目
100	100			

 裏が出たわね。「2回連続で裏が出る確率は25％」よ。じゃあ次、3回目ね

え〜と、今度こそ表です

1回目	2回目	3回目	4回目	5回目
100	100	100		

 裏が出たわね。「3回連続で裏が出る確率は12.5％」よ。じゃあ次、4回目ね

……裏にします

 あら、表ばかり予想してたのに、今さら裏に変えるの？ 意気地なしね

ひどい言われ様ですね……でも裏にします

1回目	2回目	3回目	4回目	5回目
100	100	100	100	

 裏が出たわね。「4回連続で裏が出る確率は6.3％」よ。じゃあ最後、5回目ね

裏ですっ！

 あら、断言ね

裏ですっ！

1回目	2回目	3回目	4回目	5回目
100	100	100	100	100

 終了〜。「5回連続で裏が出る確率は3.1％」よ

……

 何か言いたげね。言ってごらんなさい

何ですか、この100円玉。裏しか出ないじゃないですか

 そんなことはないわよ。たまたま5回連続で裏が出ただけよ

 そんなわけないじゃないですかっ！ たまたまで5回連続も裏が出るわけないじゃないですかっ！

 あらいやだ、たまたま珍しいことが起こっただけなのに、食ってかかってくるわねぇ♪

 「5回連続で裏が出る確率は3.1％」って、おかみさんが言ったんじゃないですかっ！ 裏しか出ないように100円玉に細工をしたんですねっ。見た目、全然わからないですけど……

 つまり「珍しいことが起こった！」というより「表と裏は同じ確率じゃない」って言いたいわけ？

 当たり前じゃないですか！「表と裏は同じ確率で出て、今回は珍しいことが起こった！」なんて無邪気に考えるわけないですよ

 あらそう。さてさて、このコイン投げの流れを整理するわね

1 コイン投げをすることにした
2 表と裏は同じ確率で出ると思っていた ⇒ 帰無仮説
3 帰無仮説「表と裏は同じ確率」の下、100円玉を5回投げてデータを取ったら5回連続で裏が出た、この確率は3.1％ ⇒ p 値に相当
4 3.1％という確率が非常に小さいので、あなたは「珍しいことが起こった」ではなく「表と裏はホントに同じ確率？」「コインに細工が」「表と裏は出る確率に差がある！」と思った ⇒「帰無仮説：表と裏は同じ確率」が間違いとする

 ……ああっ！

 どう？ 検定の考え方がわかったかしら！

確かに、「表と裏は同じ確率」だと思ってるところに「5回連続で裏が出る」ような、確率の低いことが起こったら、「珍しいことが起こった」なんて思いません。「変だ」「表と裏は同じ確率という帰無仮説が間違っている」と思いますっ！なるほど、背理法ですね

確率的な背理法だから、たまに間違うこともあるけどね。さ、頭でわかったようだから、解説のP.76に示した検定の手順①～④を冷静に見返してちょうだい。今度はしっくりくるはずよ。ちなみに、「確率が小さいかどうか」の基準（有意水準とも言う）には伝統的に5%を使っていて、根拠がないものだからよく批判されるけど、今のコイン投げでは、4回目（6.3%）で怪しい気がして、5回目（3.1%）で確信を持って変だって言ったわけだから、「5%よりも小さい⇒非常に小さい確率」ってのは、ある程度人間の直感と合ってないかしら？

ありがとうございますっ！メチャメチャよくわかりました。でもさっきの100円玉、どうして裏ばっかり出たんですか？検定の説明はすごくわかったんですけど、裏ばっかり出たことが不思議で……

ちょっとしたコツよ。ちなみに、さっきのコイン投げの結果が、仮に「5回投げて裏が3回出た」だった場合、ちっとも珍しくないし、変なことは起きてないわね。このときにp値を計算してみると、p値が大きくなって「有意差なし」となるわ。ここで注意しなきゃいけないのは、「帰無仮説が間違っている証拠がない」のは当たり前だけど「帰無仮説が正しい証拠もない」「差がない証拠もない」わけ。何も言えないの。だから有意差がないときは「差がない」ではなく「差があるとは言えない」と、あいまいに結論しなきゃいけないことに注意してね。さ、これを踏まえて、今回のリピート割合の結果を解釈していただこうかしら

あ、その話でしたね。完全に忘れてました……。え～と

```
> one_prop(x=71, n=80, p0=0.8)
    割合(%)   95%CI(下限)   95%CI(上限)       p値
     88.8        81.83         95.67     0.0504
```

うちのリピート割合は88.8%ですから、ヨンカルビの80%よりも見た目高いですけど、マスター曰く「ヨンカルビのリピート割合と比べて、うちが圧勝してるかどうか」を見るとなると……、え〜と、ばらつきも踏まえた上で比較すると読み替えて、検定で比較してみたところ、p値が0.0504か。5.04%?! ギリギリ有意じゃない……。ということは、「有意差なし」であるため「うちのリピート割合は80%ではないとは言えない」とあいまいに結論する……

そうね、その通りよ。よくできました。「帰無仮説」の「帰無」は、すなわち「無に帰す」べき仮説よね。あらあら、今回は運悪く「帰無仮説」に帰っていただけなかったようね

ひどくないですかっ! p値が5.04%って、ほぼ5%じゃないですかっ! こんな微妙なときでも「有意差あり」とは言えないんですか?

当たり前よ(キッパリ)。「確率が小さいかどうか」の基準・有意水準はデータを取る前に事前に5%とか決めておいて、その後にデータを取ってp値を求めて、この有意水準5%と比較するのよ。後から「おまけ」はできないわ

だって5.04%ですよ。ちょっとくらいオマケしてくれてもいいじゃないですか……

ダメ、ゼッタイ。事前に決めたことを守らないと、例えばp値が8%だったときに、事後的に「有意水準は10%とします、だから有意差あり」なんてズルができるわ

そんなぁ……。マスターに怒られるぅ……

たまにp値が5%よりも少し大きいときに「有意差はみられなかったが、有意差がみられる方向であった」とか意味不明の考察を見かけるけど、検定は背理法なの。さっきも言ったけど「p値が小さく、帰無仮説が間違い」であるときは、はっきり「差がある!」と主張できるけど、p値が大きいときは、帰無仮説が正しい証拠もないし、間違っている証拠もないから、何も言えないの。これはp値が5%よりも少し大きいときでも同じよっ! 有意差がないときはp値の大小に関係なく「差があるとは言えない」と結論しなきゃいけないわけ

ううう……、検定を理解できたのはイイけど、マスターに何て報告しよう……

まぁ仕方がないわね、ありのままに結果を報告するしかな……あらっ?

10% OFF

焼肉屋「ヨンカルビ」はリピート率 80% を達成しました※!!!

本クーポン券を持参の上ご家族・ご友人と一緒に、

もっともっと来てください !!!（2020 年●月▲日まで有効）

> ※お客様 100 人へのアンケート結果、76 人が「また来たい」と回答、四捨五入

どうされました？

あなた、うちのリピート割合は「80人中71人」って情報を使ってたけど、ヨンカルビのリピート割合は80%で固定して解析してなかったかしら？

はい、そうですけど

ヨンカルビのリピート割合って「100人中76人」の結果だから、ヨンカルビのリピート割合は正確には76%ね。この注意書きを見て

ええっ?! ちゃんと読んでなかった……。確かに、ちゃんと「四捨五入」って書いてるからウソじゃないですけど。正確には76%じゃないですか

さすが大手チェーン店ね。さて、ヨンカルビのリピート割合について「100人中76人」の情報を使って解析し直してみたら？ 何かが変わるかもよ

まとめ

☑ 検定は「確率的な背理法」

☑ p 値が非常に小さい場合（例えば 5 % よりも小さい場合）は「有意差あり」と結論し「差がある」と結論する

☑ p 値が小さくない場合（例えば 5 % 以上である場合）は「有意差なし」とするが、「差がない」ではなく「差があるとは言えない」と結論する

— *Recipe 2.4* —
レシピ

2値データの解析・検定を行いたい

時間 10min ⏱

用途例 異なる集団から得られた2値データの解析や、2つの集団の割合に差があるかどうかを統計的に検定を行う

☑ 2つの集団から得られた2値データについて、頻度や割合を求めてみよう

☑ 2つの集団の割合の違いを「帯グラフ」で味わってみよう

☑ 2つの集団から得られた割合に差があるかどうかを検定（χ^2検定）しよう

～◇ 材料 ◇～

　焼肉屋「きょうちゃん」のアンケート「❸ 焼肉屋きょうちゃんに再来店したいですか？」でのリピート割合と、焼肉屋「ヨンカルビ」のリピート割合を求めて「帯グラフ」にした後、2つの割合に差があるかを検定します。以下はそれぞれのアンケート結果をまとめたデータで、これを材料にします。各店（変数名：shop）のお客さんの回答内容（変数名：answer）と回答数（変数名：number、単位は人）です。1行目に列名、2～5行目にデータ、5行3列の形式です。

shop	answer	number
きょうちゃん	はい	71
きょうちゃん	いいえ	9
ヨンカルビ	はい	76
ヨンカルビ	いいえ	24

準 備
（下ごしらえ）

材料（データ）をRに読み込ませ、データフレーム「mydata3」を作成します。方法は3種類ありますので、お好きな方法で準備してください。

方法 1　パッケージ「readxl」を呼び出し、Excelファイル「data.xlsx」を「C:¥temp」フォルダに格納した後、シート「Sheet24」から読み込み

```
> library(readxl)
> mydata3 <- read_excel("c:/temp/data.xlsx", sheet="Sheet24")
> mydata3
```

方法 2　CSVファイル「Sheet24.csv」を「C:¥temp」フォルダに格納した後、読み込み

```
> mydata3 <- read.csv("c:/temp/Sheet24.csv")
> mydata3
```

方法 3　RStudioの左上「ソース画面」にデータを手打ちした後、プログラムを実行することで読み込み

```
> mydata3 <- data.frame(
+    shop   =c("きょうちゃん","きょうちゃん","ヨンカルビ","ヨンカルビ"),
+    answer=c("はい","いいえ","はい","いいえ"),
+    number=c(71, 9, 76, 24))
> mydata3
```

方法1 ～ **方法3** のいずれかを実行すると、データが読み込まれ、左下「コンソール画面」にデータフレーム「mydata3」が表示されます。今回は左下「コンソール画面」の結果を示します。これで準備は完了です。なお、Windows版RStudioでは、ファイルの場所を指定する際に「¥」「\」の代わりに「/」を使用する必要があります。例えば「read.csv("c:¥temp¥Sheet24.csv")」とするとエラーの原因になります。

	shop	answer	number
1	きょうちゃん	はい	71
2	きょうちゃん	いいえ	9
3	ヨンカルビ	はい	76
4	ヨンカルビ	いいえ	24

〜〜 手 順 〜〜

手順1 データフレーム「mydata3」に、新たに「各店の回答総数」を表すデータフレーム「N」を作成します。関数aggregate(解析する変数名, list(グループを表す変数名), 適用する関数名)から出力されるデータフレームの変数のままではわかりにくいので、変数名を「各店（変数名：shop）」「回答総数（変数名：N、単位は〔人〕）」と変更しておきます。

```
> N <- aggregate(mydata3$number, list(mydata3$shop), sum)
> names(N) <- c("shop", "N")
> N

      shop    N
1  きょうちゃん   80
2  ヨンカルビ  100
```

手順2 データフレーム「mydata3」とデータフレーム「N」を、関数merge(データフレーム1, データフレーム2, by="キー変数名")で変数shopをキーとして横結合し、データフレーム「mydata3_N」とします。その後、関数transform(データフレーム店, 追加する変数名＝値や式)で、各店の各回答の割合（変数prop、単位は〔%〕）を計算したものを「mydata3_NP」に格納します。

```
>   mydata3_N  <- merge(mydata3, N, by="shop")
> ( mydata3_NP <- transform(mydata3_N,
+                           prop=round(number/N*100, 2)) )

      shop  answer  number    N   prop
1  きょうちゃん   はい     71   80  88.75
2  きょうちゃん  いいえ      9   80  11.25
3  ヨンカルビ    はい     76  100  76.00
```

| 4 | ヨンカルビ | いいえ | 24 | 100 | 24.00 |

手順 3 パッケージ「ggplot2」を呼び出します。データフレーム「mydata3_NP」について、各店（変数shop）の各回答（変数answer）の割合（変数prop、単位は〔%〕）について帯グラフを描くので、関数ggplot(データフレーム名, aes(x=shop, y= prop, fill=answer))とし、関数geom_col()を加えて帯グラフを描きます。引数widthに棒の幅、colorに棒の外側の色を指定して帯グラフを作成します。

```
> library(ggplot2)
> ggplot(mydata3_NP, aes(x=shop, y=prop, fill=answer)) +
+     geom_col(width=0.5, color="white")
```

手順 4 関数two_prop(x1＝「きょうちゃん」のはいの人数, n1＝「きょうちゃん」の合計人数, x2＝「ヨンカルビ」のはいの人数, n1＝「ヨンカルビ」の合計人数)を指定します。ちなみに、2つの割合の差に関する検定は通常「χ^2検定（カイにじょうけんてい）」にて行います。

```
> two_prop <- function(x1, n1, x2, n2) {
+   p1 <- x1/n1 ; p2  <- x2/n2 ; diff <- p1-p2 ; n <- n1+n2
+   p  <- (x1+x2)/n
+   CI <- diff + qnorm(0.975)*
+                sqrt( p1*(1-p1)/n1+p2*(1-p2)/n2 )*c(-1,1)
+   Pr <- pchisq( (diff/sqrt( p*(1-p)*n/n1/n2 ))^2, 1, lower=F)
+   result <- c( round(100*p1,1),    round(100*p2,1),
+     round(100*diff,1), round(100*CI,2),
+     ifelse(Pr<0.0001, "<0.0001",as.character(round(Pr,4))) )
+   names(result) <- c("割合1(%)", "割合2(%)", "割合の差(%)",
+     "95%CI(下限)", "95%CI(上限)", "p値")
+   print(result, quote=F)
+ }
> two_prop(x1=71, n1=80, x2=76, n2=100)
```

～✧ 完成 ✧～

RStudioの右下の画面に、帯グラフを描いた結果（ 手順3 ）が表示されます。

RStudioの左下「コンソール画面」に、検定の結果（ 手順4 ）として、以下が表示されます。割合の差（12.7％）が、割合1（88.8％）と割合2（76％）の差から0.1％ズレていますが、これは割合の差＝（71/80−76/100）×100＝12.75％を関数round()で小数第一位まで丸めると12.7％となるためです。詳しくはRecipe5.8の 補足2 をご覧ください。

割合1(%)	割合2(%)	割合の差(%)	95%CI（下限）	95%CI（上限）	p値
88.8	76	12.7	1.89	23.61	0.028

✓ **割合1(%)**
　➡「きょうちゃん」のはいの人数の割合〔％〕
✓ **割合2(%)**
　➡「ヨンカルビ」のはいの人数の割合〔％〕
✓ **割合の差(%)、95%CI（下限）、95%CI（上限）**
　➡割合の差（きょうちゃんの割合−ヨンカルビの割合）と、その95％信頼区間
✓ **p値**
　➡割合に差がある（割合の差が0）かどうかに関するχ^2検定の結果

検定の復習、分割表とクロス表

検定の復習

　今回は、焼肉屋「きょうちゃん」のアンケート項目「❸ 焼肉屋きょうちゃんに再来店したいですか？」でのリピート割合と、焼肉屋「ヨンカルビ」のリピート割合を求めた後、2つの割合に差があるかを検定します。関数two_prop(x1=71, n1=80, x2=76, n2=100)を実行することで、焼肉屋「きょうちゃん」のリピート割合が88.8%、焼肉屋「ヨンカルビ」のリピート割合が76%と計算され、この2つの割合の差に関する検定「χ^2検定」を行います。

```
> two_prop(x1=71, n1=80, x2=76, n2=100)
割合1(%)    割合2(%)    割合の差(%)   95%CI(下限)   95%CI(上限)    p値
  88.8       76         12.7         1.89         23.61      0.028
```

ここで、検定の手順を復習しましょう。有意水準は5%と設定します。

> ① 比較の枠組みは、焼肉屋きょうちゃんとヨンカルビの「リピート割合に差がある」ことを証明したい
> ② 帰無仮説として「2つのお店のリピート割合に差がない」と仮定
> ③ 帰無仮説が成り立っている条件の下で、（「差がない」と仮定して）得られたデータよりも極端なことが起きる確率をχ^2検定で計算した結果、p値＝0.028＝2.8%
> ④ 得られたp値は有意水準5%よりも小さいので有意差あり、「帰無仮説」が間違いであるとし、「リピート割合に差がある」と結論する

　ちなみに、「2つの割合に差がない」という仮説を「帰無仮説」と呼びましたが、本来証明したい「割合に差がある」という仮説は「対立仮説」と言います。さて、検定の結果「リピート割合に差がある」ことは証明できたのですが、「きょうちゃん」と「ヨンカルビ」のどちらのリピート割合が高いかは検定結果からは判断できません。

　「きょうちゃん」のリピート割合は88.8%、「ヨンカルビ」のリピート割合は76%で、「きょうちゃん」のリピート割合の方が高いことは見て取れます。「5%で差があると判断」するのか「20%で差があると判断」するのかは基準がありませんが、検定は

「統計的に差があるかどうか」に答えてくれており、今回は「リピート割合に差がある」となりました。この合わせ技一本で「きょうちゃんのリピート割合は、ヨンカルビのリピート割合よりも統計的に高い」と判断します。

分割表・クロス表の作成

今回のデータは、各店の「はいの人数」「いいえの人数」があらかじめ集計されていました。ただし、扱うデータによっては、以下のように「はいの人数」「いいえの人数」が集計されていないこともあります。

```
> mydata4 <- read_excel("c:/temp/data.xlsx", sheet="Sheet25")
> mydata4 <- read.csv("c:/temp/Sheet25.csv")
> head(mydata4)

      shop   answer
1 きょうちゃん    はい
2 きょうちゃん    はい
3 きょうちゃん    はい
4 きょうちゃん    はい
5 きょうちゃん    はい
6 きょうちゃん    はい
（あと100行以上続く……）
```

この場合は、100人以上のデータを手で計算するのは大変なので、関数 xtabs(~ 行の変数名 + 列の変数名, data=データフレーム名) を使って分割表（クロス表）の形式に変換、関数 prop.table(分割表) で割合の計算を行います。

```
> mydata4$answer <- factor(mydata4$answer,
+                          levels=c("はい","いいえ"))

> # グループ → 見たい指標の順で指定
> ( TAB <- xtabs(~ shop + answer, data=mydata4) )
           answer
    shop   はい  いいえ
きょうちゃん    71      9
 ヨンカルビ    76     24

> round( 100*prop.table(TAB, 1), 1)
```

```
            answer
   shop      はい   いいえ
きょうちゃん    88.8   11.2
ヨンカルビ     76.0   24.0
```

実 食

マスター、計算がまとまりましたよ

おお〜、ようやったっ！で、結果はどないや？

かくかくしかじかでして……

割合1(%)	割合2(%)	割合の差(%)	95%CI（下限）	95%CI（上限）	p値
88.8	76	12.7	1.89	23.61	0.028

なんや、難しいことはようわからんけど、とにかくうちの方がリピート率がエエっちゅうこっちゃな！よっしゃ、ようやったっ！

あの、リピート率じゃなくてリピート割合って言わないと、おかみさんが……なんてことマスターに言っても仕方ないか。と、とにかくうちの方がよかったです

ほんま、ようやってくれたなぁ。おおきにっ！時給を上げてやりたい気持ちでいっぱいなんやけど……

「気持ちだけ取っといて。釣りはいらんで」ですよね。このやり取り、あと何回続くんだろ……。ところで、この結果を使って、どんなことをするんですか？

どんなことって……、何や？

「何や」と逆に聞かれましても……。え～と、例えばチラシを配ってリピート割合の高さをアピールするとか、「ヨンカルビ」みたいにクーポン券を配って、さらにリピート割合を増やそうとするとか、何か作戦があるんでしょ？

 そんなヤヤコシイもん、あるかいな。わしが安心でけたら、それでエエんや。どの店選ぶかは、お客さんや。小細工せんと、安くて旨い肉を提供し続けたら、自然とお客さんは来てくれはる

きゅ、急にカッコいいこと言ってますけど、数日前は「チェーンの焼肉屋なんかに負けてたまるかいっ！」って、ジタバタされてましたよね……

 まぁまぁ、昔のことは綺麗さっぱり水に流そやないか。あ、そや、いっぺん慰労会いうのやったるさかい、楽しみに待っとけや。ほなっ！（店の奥へ）

目的がまさかの自己満足とは……。マーケティング戦略ゼロとは逆に潔い……

 マスターが満足してくれたんだから、それだけでイイじゃない。さてさて「1つの2値データの検定」「2つの2値データの検定」を勉強したんだから、「1つの連続データの検定」「2つの連続データの検定」もついでにやっちゃいましょうか。あら♪ こんなところに「1日のタン塩の注文数」のデータが30日分もあるわ♪

な、何故こんなところに……。不自然すぎる……

―― まとめ ――

- ☑ 2つの割合は「帯グラフ」を描くと比較しやすい
- ☑ 2つの割合に差があるかどうかはχ^2検定にて実施
- ☑ 検定の結果、「割合に差がある」ことが証明された後は、2つの割合の値を比較し、どちらが高いかを確認すればよい

Recipe 2.5
レシピ

1つの連続データに関する
解析・検定を行いたい

時間 10min ⏱

用途例 1つの連続データに関する解析や、平均値がある値かどうかを統計的に検定する

☑ 1つの連続データの分布をグラフで味わってみよう

☑ 1つの連続データを要約してみよう

☑ 1つの連続データの平均値が、ある特定の値かどうかを検定（t検定）しよう

材料

「1日のタン塩の注文数」のデータ30日分について、グラフ作成や要約統計量の計算、タン塩の注文数の平均値が35皿かどうかの検定を行います。調査1日目〜30日目における、それぞれの日（変数名：day）のタン塩の注文数（変数名：tongue、単位は皿）です。1行目に列名、2〜31行目にデータ、31行2列の形式です。

day	tongue	day	tongue	day	tongue	day	tongue
1	29	9	35	17	29	25	41
2	25	10	39	18	27	26	35
3	35	11	33	19	36	27	22
4	25	12	43	20	27	28	23
5	24	13	29	21	31	29	23
6	25	14	23	22	26	30	28
7	39	15	28	23	24		
8	31	16	28	24	37		

準備
(下ごしらえ)

材料（データ）をRに読み込ませ、データフレーム「mydata5」を作成します。方法は3種類ありますので、お好きな方法で準備してください。

方法 1 パッケージ「readxl」を呼び出し、Excelファイル「data.xlsx」を「C:¥temp」フォルダに格納した後、シート「Sheet26」から読み込み

```
> library(readxl)
> mydata5 <- read_excel("c:/temp/data.xlsx", sheet="Sheet26")
> head(mydata5)
```

方法 2 CSVファイル「Sheet26.csv」を「C:¥temp」フォルダに格納した後、読み込み

```
> mydata5 <- read.csv("c:/temp/Sheet26.csv")
> head(mydata5)
```

方法 3 RStudioの左上「ソース画面」にデータを手打ちした後、プログラムを実行することで読み込み

```
> mydata5 <- data.frame( day=1:30, tongue=c(29, 25, 35, 25,
+   24, 25, 39, 31, 35, 39, 33, 43, 29, 23, 28, 28, 29, 27,
+   36, 27, 31, 26, 24, 37, 41, 35, 22, 23, 23, 28) )
> head(mydata5)
```

方法1 ～ **方法3** のいずれかを実行すると、タン塩の注文数のデータが読み込まれ、左下「コンソール画面」にデータフレーム「mydata5」の1～6行目が表示されます。また、データフレーム「mydata5」の全体を閲覧する場合は、RStudioの右上「Environment」タブから「mydata5」をクリックします。左上の画面にデータフレーム「mydata5」が表示されます。これで準備は完了です。

	day	tongue
1	1	29
2	2	25
3	3	35
4	4	25
5	5	24
6	6	25

〜〜 手 順 〜〜

「タン塩の注文数」のデータ30個の分布と要約統計量、「タン塩の注文数が35皿かどうか」に関するt検定を行います。

> 手順
> 1

まずパッケージ「ggplot2」を呼び出します。次に、Recipe 1.2とRecipe 1.3の知識を組み合わせて、ヒストグラムに密度曲線を上書きしたグラフを作成します。

```
> library(ggplot2)
> mybk <- function(x, min, max) seq(min, max,
+   length.out=(nclass.Sturges(x)+1))
> ( BK <- mybk(mydata5$tongue, 10, 50) )
> ggplot(mydata5, aes(x=tongue)) +
+   geom_histogram(breaks=BK, color="black", fill="cyan",
+     aes(y=..density..)) +
+   geom_density(color="black", lty=1, lwd=2, adjust=1) +
+   scale_x_continuous(limits=c(10,50))
```

> 手順
> 2

データフレーム「mydata5」の変数tongue（タン塩の注文数）の要約を行う場合は関数summary()を使用します。関数summary()では標準偏差が計算されませんので、別途、関数sd()により変数tongue（タン塩の注文数）の標準偏差を求めます。

```
> summary(mydata5$tongue)
> round(sd(mydata5$tongue), 2)
```

手順
3

関数t.test(変数名, mu=比較する値, conf.level=0.95)を用いて、タン塩の注文数（変数名：tongue）の平均値がmu=35（35皿）かどうかをt検定により検定します。95％信頼区間を求めるため、信頼係数conf.level=0.95を合わせて指定します。

```
> t.test(mydata5$tongue, mu=35, conf.level=0.95)
```

～完成～

RStudioの右下の画面に、ヒストグラムに密度曲線を上書きしたグラフが表示されます。

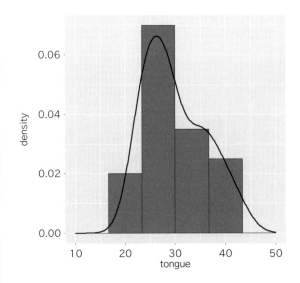

RStudioの左下「コンソール画面」に、要約統計量（ 手順2 ）と検定の結果（ 手順3 、p値、平均値とその95％信頼区間）が表示されます。

```
> summary(mydata5$tongue)                          # 手順2
    Min. 1st Qu.  Median     Mean 3rd Qu.     Max.
    22.0    25.0    28.5     30.0    35.0     43.0

> round(sd(mydata5$tongue), 2)                     # 手順2
[1] 5.96

> t.test(mydata5$tongue, mu=35, conf.level=0.95)   # 手順3

          One Sample t-test
data:  mydata5$tongue
t = -4.5953, df = 29, p-value = 7.801e-05 ————— A
alternative hypothesis: true mean is not equal to 35
95 percent confidence interval: ——————————
 27.77464 32.22536 ———————————————— B
sample estimates: ——————————————
mean of x ———————————————————————
          30 ——————————————————— C
```

A p-value = 7.801e-05
　➡タン塩の注文数が35皿かどうかに関するt検定の結果のp値
B 95 percent confidence interval: 27.77464 32.22536
　➡タン塩の注文数の平均値に関する95%信頼区間
C sample estimates: mean of x [30]
　➡タン塩の注文数の平均値（30皿）

｛ 信頼区間を見れば検定結果がわかる?! ｝

検定結果と信頼区間の関係

　今回の「タン塩」の結果はひとまず置いておいて、まずは次のコードのように「ハラミの注文数の平均値は35皿である」という帰無仮説に対して、4つの小さなデータでt検定（有意水準：5%、0.05）を行った結果を考えてみます。①と②はギリギリ有意差あり、③と④はギリギリ有意差なしとなりました（下線部の34.67〜34.70はイレギュラーデータ、閉店前に1皿分に満たない「0.67皿分〜0.7皿分」のハラミを

安く提供したものとお考えください）。このとき、4つの95％信頼区間が「35皿」を
含んでいるかどうか確認してみましょう。

```
> t.test(c(34,34,34,34.67,35,35,35,35),
+   mu=35, conf.level=0.95)    # ①有意差あり
95% CI: [34.16900, 34.99850], p-value= 0.04937

> t.test(c(34,34,34,34.68,35,35,35,35),
+   mu=35, conf.level=0.95)    # ②有意差あり
95% CI: [34.17003, 34.99997], p-value= 0.04999

> t.test(c(34,34,34,34.69,35,35,35,35),
+   mu=35, conf.level=0.95)    # ③有意差なし
95% CI: [34.17105, 35.00145], p-value= 0.05061

> t.test(c(34,34,34,34.70,35,35,35,35),
+   mu=35, conf.level=0.95)    # ④有意差なし
95% CI: [34.17204, 35.00296], p-value= 0.05126
```

①の結果
　95％信頼区間：[34.16900, 34.99850] ⇒ 35皿を含んでいない
　p値　　　　　：0.04937　　　　　　　⇒ 有意差あり
②の結果
　95％信頼区間：[34.17003 34.99997] ⇒（ギリギリ）35皿を含んでいない
　p値　　　　　：0.04999　　　　　　　⇒（ギリギリ）有意差あり
③の結界
　95％信頼区間：[34.17105 35.00145] ⇒（ギリギリ）35皿を含んでいる
　p値　　　　　：0.05061　　　　　　　⇒（ギリギリ）有意差なし
④の結果
　95％信頼区間：[34.17204 35.00296] ⇒ 35皿を含んでいる
　p値　　　　　：0.05126　　　　　　　⇒ 有意差なし

　以上の結果から、95％信頼区間が、検定対象の「mu=35（35皿）」を含んでい
ない場合は有意差あり（p値は5％未満）、「mu=35（35皿）」を含んでいる場合は
有意差なし（p値は5％を超える）と、p値を見なくても95％信頼区間で判断できる
ことがわかります。ちなみに、有意水準5％で検定をしている場合は95％信頼区間
で、有意水準10％で検定をしている場合は90％信頼区間で、有意水準1％で検定

をしている場合は99％信頼区間で有意差があるかどうかが判断できます。

　ただし、「p値を見なくても95％信頼区間で判断できる」ケースは限られていることも覚えておく必要があります。今回の「1つの連続データに対するt検定」と、次のRecipe 2.6「2つの連続データに対するt検定（等分散を仮定）」の場合が代表的ですが、検定結果と信頼区間は対応しないことが少なくありません。例として、Recipe 2.3の検定結果と、95％信頼区間を見直してみましょう。p値が0.0504（5.04％）とギリギリ有意差がなかった結果でしたが、95％信頼区間は[81.83, 95.67]であり、検定対象の「p0＝0.8（80％）」を含んでいません。

```
> one_prop(x=71, n=80, p0=0.8)
   割合(%)   95%CI(下限)   95%CI(上限)      p値
    88.8        81.83        95.67     0.0504
```

実食

はい、結果を解釈してっ！

は、はい。いきなりだなぁ……

✓ 分布はだいたい山形だが、平均値は30皿、中央値は28.5皿。「ヒストグラムや密度曲線」「平均値と中央値との位置関係」から右の裾が少し広め
✓ 標準偏差は約6皿
✓「タン塩の注文数の平均値は35皿である」という帰無仮説に対しt検定を行ったところ、p値が7.801e-05となった……

んん〜っ?!この「7.801e-05」って何ですかっ?!

あらやだ、義務教育でやったでしょ。しようがないわねぇ

101

```
> options(scipen=1)      # 指数表現になりにくくなる命令
> 7.801e-05
[1] 0.00007801
> options(scipen=0)      # 設定を元に戻す
> 7.801*10^(-5)
[1] 7.801e-05
```

小中学校でこんなの習うわけないじゃないですか……。なるほど「7.801×10⁻⁵」をRでは「7.801e-05」と表すんですね。じゃあp値は0.00007801と非常に小さい値なので帰無仮説が間違い、「タン塩の注文数の平均値は35皿でない」とします。平均値は30皿でしたので、「タン塩の注文数の平均値は35皿よりも有意に小さい」と結論します

よくできました。そうね、Rで「X.XXXe-0X」なんて表示を見たら、とりあえずすごく小さい値だと思えば大抵は間違えないわ

=== まとめ ===

- [✓] 1つの連続データに対するt検定（厳密には分散を未知と仮定した場合）では、信頼区間を使用して有意差があるかどうか判断できる
  - ◆ 信頼区間が検定対象の値を含んで<u>いない</u>場合は有意差あり、含んでいる場合は有意差なし
  - ◆ 有意水準1%で検定をしている場合は99%信頼区間を使用する
  - ◆ 有意水準5%で検定をしている場合は95%信頼区間を使用する
  - ◆ 有意水準10%で検定をしている場合は90%信頼区間を使用する
- [✓] Rでの「X.XXXe-0X」なる表示は、とりあえずすごく小さい値だと思っておく

🍴

— Recipe 2.6 —
レシピ

2つの連続データに関する
解析・検定を行いたい

時間 15min 🕐

用途例 異なる集団から得られた2つの連続データの解析や、2つの集団の平均値に差があるかどうかを統計的に検定する

- ☑ 2つの集団から得られた連続データの分布の違いを「密度曲線」で味わってみよう

- ☑ 2つの集団から得られた連続データの分布の違いを「箱ひげ図」で味わってみよう

- ☑ 2つの集団から得られた平均値に差があるかどうかを検定（t検定）しよう

∽∽ 材料 ∽∽

「1日のカルビの注文数」のデータ30日分と「1日のタン塩の注文数」のデータ30日分について、2つの分布の「密度曲線」と「箱ひげ図」を作成した後、平均値に差があるかを検定します。

✓ カルビの注文数のデータは、Recipe 1.1と同じく、それぞれの日（変数名：day）のカルビの注文数（変数名：shortrib、単位は皿）のデータを使用（P.5参照）

✓ タン塩の注文数のデータ、Recipe 2.5と同じく、それぞれの日（変数名：day）のタン塩の注文数（変数名：tongue、単位は皿）のデータを使用（P.95参照）

準備
（下ごしらえ）

カルビの注文数のデータをRに読み込ませ、お好きな方法でデータフレーム「mydata」を作成します。今回はRecipe 1.1の 方法3 を使用します。

```
> mydata <- data.frame( day=1:30, shortrib=c(35, 35, 40, 52,
+    43, 43, 38, 42, 41, 47, 46, 36, 36, 39, 47, 42, 43, 38,
+    49, 39, 36, 42, 38, 36, 38, 36, 28, 38, 42, 35) )
> head(mydata)
```

タン塩の注文数のデータをRに読み込ませ、お好きな方法でデータフレーム「mydata5」を作成します。今回はRecipe 2.5の 方法3 を使用します。

```
> mydata5 <- data.frame( day=1:30, tongue=c(29, 25, 35, 25,
+    24, 25, 39, 31, 35, 39, 33, 43, 29, 23, 28, 28, 29, 27,
+    36, 27, 31, 26, 24, 37, 41, 35, 22, 23, 23, 28) )
> head(mydata5)
```

カルビとタン塩の注文数のデータを、関数merge(データフレーム1, データフレーム2, by="キー変数名")で変数dayをキーとして横結合し、データフレーム「mydata6」とします。これで準備は完了です。

```
> mydata6  <- merge(mydata, mydata5, by="day")
> head(mydata6)
  day shortrib tongue
1   1       35     29
2   2       35     25
3   3       40     35
4   4       52     25
5   5       43     24
6   6       43     25
```

手順

手順1 カルビの注文数（変数名：shortrib、単位は皿）とタン塩の注文数（変数名：tongue、単位は皿）の要約統計量は、それぞれRecipe 1.1とRecipe

2.5で計算済みですので、ここでは割愛します。代わりに関数IQRで、それぞれの四分位範囲（第3四分位－第1四分位）を計算します。四分位範囲は25％点～75％点の幅を表すもので、ばらつきの指標として用いられることがあります。

```
> IQR(mydata6$shortrib)    # カルビの注文数の四分位範囲
> IQR(mydata6$tongue)       # タン塩の注文数の四分位範囲
```

> 手順 2

まずパッケージ「ggplot2」を呼び出します。次に、Recipe 1.3の知識を使用して、カルビとタン塩の注文数に関する密度曲線を作成します。

```
> library(ggplot2)
> ggplot(mydata6, aes(x=shortrib)) +
+   geom_density(color="red", lty=1, lwd=1) +
+   geom_density(color="blue", lty=2, lwd=2, aes(x=tongue)) +
+   scale_x_continuous(limits=c(10,60)) +
+   xlab("Red line: shortrib ,    Blue line: tongue")
```

> 手順 3

「箱ひげ図」を使用して、カルビとタン塩の注文数の分布を比較することもあります。

```
> ggplot(mydata6, aes(x=1, y=shortrib)) +
+   geom_boxplot() +
+   stat_summary(fun="mean", geom="point", shape=2, size=3) +
+   geom_boxplot(aes(x=2, y=tongue)) +
+   stat_summary(fun="mean", geom="point", shape=3, size=3,
+     aes(x=2, y=tongue)) +
+   scale_x_continuous(limits=c(0.5,2.5), breaks=1:2,
+     labels=c("shortrib","tongue")) +
+   theme(axis.title=element_blank())
>
```

> 手順 4

関数t.test(変数名1, 変数名2, conf.level=0.95, var=T)を用いて、カルビの注文数（変数名：shortrib）の平均値と、タン塩の注文数（変数名：tongue）の平均値に差があるかどうかをt検定により検定します。平均値の差の95％信頼区間を求めるため、信頼係数conf.level=0.95を合わせて指定します。

```
> t.test(mydata6$shortrib, mydata6$tongue, conf.level=0.95, ⏎
var=T)
```

～完成～

RStudioの左下「コンソール画面」に、四分位範囲（ 手順1 ）が表示されます。

```
> IQR(mydata6$shortrib)    # カルビの注文数の四分位範囲
[1] 6.75
> IQR(mydata6$tongue)      # タン塩の注文数の四分位範囲
[1] 10
```

RStudioの右下の画面に、カルビとタン塩の注文数に関する密度曲線
（ 手順2 ）が表示されます。実線（―）がカルビの注文数（shortrib）、破
線（----）がタン塩の注文数の密度曲線です。

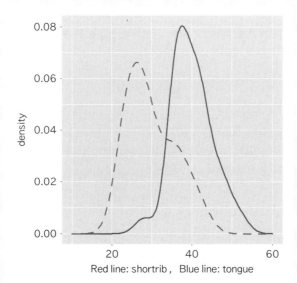

Red line: shortrib ，Blue line: tongue

RStudioの右下の画面に、カルビとタン塩の分布に関する箱ひげ図
（ 手順3 ）が表示されます。

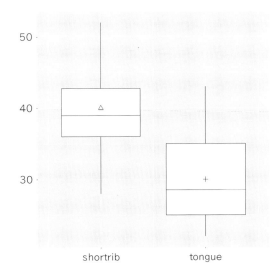

RStudioの左下「コンソール画面」に、検定の結果（ 手順4 、p値、平均値とその95％信頼区間）が表示されます。

```
> t.test(mydata6$shortrib, mydata6$tongue, conf.⏎
level=0.95, var=T)

        Two Sample t-test
data:  mydata6$shortrib and mydata6$tongue
t = 7.0428, df = 58, p-value = 2.484e-09 ——— A
alternative hypothesis: true difference in means is not ⏎
equal to 0
95 percent confidence interval: ——————
  7.157778 12.842222 ——————————————— B
sample estimates: ——————
mean of x mean of y
       40        30 ——————————— C
```

Ⓐp-value = 2.484e-09

➡カルビの注文数（変数名：shortrib）の平均値とタン塩の注文数（変数名：tongue）の平均値に差があるかどうか、に関するt検定の結果のp値

Ⓑ95 percent confidence interval: 7.157778 12.842222

➡平均値の差（カルビの注文数の平均値－タン塩の注文数）に関する95％信頼区間

Ⓒsample estimates: mean of x [40], mean of y [30]

➡カルビの注文数の平均値（40皿）とタン塩の注文数の平均値（30皿）、関数t.test()に指定した変数の順番に表示される

箱ひげ図、ウェルチ（Welch）の検定

箱ひげ図

連続データの分布は、要約統計量やヒストグラム・密度曲線で情報が掴めますが、要約統計量を図示した「箱ひげ図」というものでも連続データの分布を示すことができます。

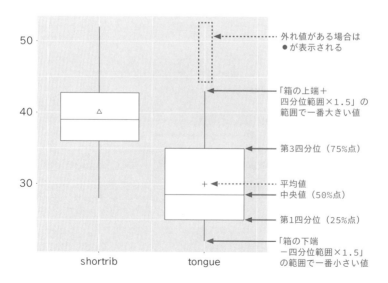

検定結果と信頼区間の関係

「信頼区間を使用して有意差があるかどうか判断できる場合がある」ことはRecipe 2.5で紹介しましたが、2つの連続データの平均値に関するt検定でも、信頼区間を使用して有意差があるかどうか判断できます。ただし、等分散（具体的な値はわからないが2つの連続データの分散が等しいこと）を仮定したt検定に限ります。

ウェルチ（Welch）の検定

「等分散の仮定」は、関数t.test()の引数var=Tを指定することで行います。逆に等分散を仮定しない（引数var=Fを指定する）t検定は、別名ウェルチ（Welch）の検定と呼ばれたりします。世間では「等分散を仮定すると変な制約が増える」「仮定が少ない方がよい」という何となくの理由で、ウェルチの検定がよいと考える人が多いです。ウェルチの検定がよいという考えは否定しませんが、ウェルチの検定と、普通の（等分散を仮定した）t検定の特徴を掴んだ上で判断するのがよいでしょう。

- ✓ ウェルチの検定は近似的な方法（設定した有意水準から、実際の有意水準がズレる可能性あり）
- ✓「2つのデータ数が同じ」または「2つのデータの分散が同じ」であればt検定（等分散を仮定）とウェルチの検定の検定統計量は同じ（自由度が変わるのでp値は若干変わる）
- ✓「2つのデータ数の比が0.6〜1.5」または「2つのデータの分散の比が0.6〜1.5」であれば、t検定（等分散を仮定）とウェルチの検定の検定統計量は高々20％程度しか変わらない

今回の結果では、カルビの注文数の標準偏差は約5皿（分散は$5 \times 5 = 25$）、タン塩の注文数の標準偏差は約6皿（分散は$6 \times 6 = 36$）で分散は異なりますが、2つのデータ数が同じなので、2つのデータの分散が異なっていても（等分散ではなくても）、等分散を仮定したt検定でもよいことになります。

実 食

 はい、結果を解釈してっ!

は、はい。この感じ、デジャブかなぁ……

- ✓ カルビの注文数の平均値は40皿、タン塩の注文数の平均値は30皿、分布はいずれも山形だが、密度曲線から判断すると、カルビの注文数の分布の方が右に(多い方に)位置する
- ✓ 箱ひげ図は……、習っていないから後で箱ひげ図の解説(P.108)を読んで勉強する
- ✓ 「カルビの注文数の平均値とタン塩の注文数の平均値は同じ(差がない)」という帰無仮説に対しt検定を行ったところ、p値が2.484e-09、ほぼ0という小さい値となったので帰無仮説が間違い、「平均値は同じでない(差がある)」とする。各注文数の平均値を踏まえて「カルビの注文数の平均値の方が、タン塩の注文数の平均値よりも有意に多い」と結論する

 はい、半分正解ね。50点

え、箱ひげ図がわからなかっただけで50点も減点ですか……。厳しい……

まとめ

- ☑ 連続データの分布は、ヒストグラムや密度曲線に加えて「箱ひげ図」でも図示可能
- ☑ 2つの連続データの平均値に関するt検定(等分散を仮定した場合)では、信頼区間を使用して有意差があるかどうか判断できる
- ☑ t検定(等分散を仮定した場合)よりもウェルチの検定の方がよいかどうかは考え方次第

Part 3

思い込みが激しすぎる

ベイズ解析のコンセプト

Part 3 introduction
タン塩の次は必ずカルビ……ってホント?!

慰労会が開催されたのはよいのですが、令和の時代らしからぬ雰囲気の呑み会に……
只今「お肉を注文する順番」について延々マスターが説教中のようです。

……てことでや、焼肉は「どの部位から焼くか」が重要なんや。何でもかんでも焼いたらエエっちゅうもんやない。どの順番で肉を焼くか、すなわちっ! どの順番で肉を注文するかが旨さの決め手になるんや。あ、黒霧島のロックおかわり。ええかっ。聞いとるかぁ

慰労会を開いてくれるって言うから来てみたら、いつもの「きょうちゃん」で、マスターとサシで残り物のお肉を食べるとは。これじゃあ閉店後のまかないを食べてるのとあまり変わりがないなぁ……。あ、マスター、芋焼酎5杯目だ

まずは脂や。いきなり脂だらけのバラから行くんはド素人や。脂は腹にたまるし口に味が強烈に残る。脂の少ない肉から注文するのが基本や。次に味付け。タレの濃い肉は、後から薄味の肉を食ったときの感動が薄れるし、第一、肉を焼く網がタレでコテコテになる。これは脂にも通じるところがあってやな、いきなり網を脂でコテコテにしてもうたら、後で薄切りの肉を焼いたときに網にくっついてまうやろ。あ、生ビールおかわり。ええかっ。聞いとるかぁ?!

この話、何回聞いただろ。帰りたいなぁ、でもまだ1時間も経ってない……、えっ?! 今の生ビール、僕の分ですかっ?! 僕、お酒弱いのに……

当たり前やがな。たらふく呑まな大きくならへんで。覚えの悪いお前のために話をまとめるとやな、まず最初に注文する肉は「脂の少ない」「薄味」にせなアカン。ほな、最初は何の肉を注文すべきやと思う?!

サラダですか?

ドアホッ! 草食系にもホドがあるやろっ! 最初に注文する「肉」はって聞いとるやろっ! 「肉」やっ! あ、黒霧島のロックおかわり

ありゃ、怒られた。何で怒られてるんだろ……。カラまれてるっていう方が正解だな。あ、まだ半分以上残ってるのに追加の生ビールが来た。こりゃ呑んだ方が正解か。シラフじゃ付き合いきれないや……

最初に注文するんはタン塩やっ！ 焼肉はタン塩に始まりタン塩で終わる。ええかっ、サッと網に火をつけ、しっかり暖まるまで数分じっと我慢の子。網が暖まったところで、おもむろに薄切りのタン塩を手際よく並べる。片面だけしっかり焼かれたタン塩を、それとなく置かれたレモン汁にサッと潜らせ、パクっといく。……かぁ〜っ！ これがプロの食べ方っちゅうもんやないかいっ！

う〜、イイ感じでお酒が回ってきた。こりゃ酔ったもの勝ちだな。あの、マスター。いきなり肉をガッつくよりも、サラダとかキャベツとか、キムチを食べた方が糖質や脂質の吸収を抑えられたりしませんかね？

お前はバッタか！ そんなに草が食いたいんやったら公園に行けっ！ 最近こういう健康志向が増えとるから、日本が世界一の長寿大国に成り下がったんじゃい。言いたいことも言われへん、こんな世の中やからこそっ！ 老若男女、しっかり肉を食って、体力とコレステロールをしっかり蓄えなアカンねや。ええかっ。聞いとるかぁ?!

言いたいことも言えないって、マスターはいつも言いたい放題じゃないですか。あ、ニラまれた。わ、わかりました……、認めましょう。最初はタン塩ですね。タン塩。じゃあ次はどうしましょう？

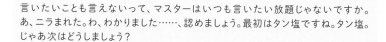

わしの経験では、タン塩の次は100人中90人がカルビやなっ！ 実に理にかなっとる。あっさりタン塩の後は、脂がのってるくせにしつこくない薄切りカルビ。これで肉自体の味わいを楽しむのが通好み、いや、王道の味わい方やな。ホンマは脂コッテリなくせに、タレも濃いくせに、おくびにも出せへん。なんちゅう謙虚な肉やっ。あ、黒霧島のロックおかわり

確かに、タン塩の次にカルビを注文する人は多いですけど、100人中90人は言いすぎでしょう……。脂の少ない肉から注文するのが基本でしたら、タン塩の次はロースかハラミじゃないですか？ うちのは値段が高いですけど。あ、僕も生ビールおかわりください。あ、おかみさんがニランでる……。はい、生ビール、自分で入れます……

お前っ！ わしに意見するとは、エエ度胸しとるやないかっ！ わしゃ一歩も動かんぞっ。タン塩の次はカルビっ！ 100人中90人でも控えめなくらいや

Part 3

思い込みが激しすぎる×ベイズ解析のコンセプト

確かに、うちのカルビは美味しいですけど、タン塩の次に何を注文するかは人それぞれじゃないですか。ロースとかハラミとか、ホルモンも脂控えめですよ

か〜っ、だからお前はド素人なんや。エエか？ 入店直後にタン塩以外を注文する破天荒なお客さんのことを言うてるんやない。最初にタン塩から注文する正統派なお客さんは、ちゃんとわきまえてはる、ということを言うとるんや。淑女紳士はタン塩の次に、きっちりカルビを注文しはる。義務教育で習ったやろ、タン塩の次はカルビて

う〜ん、半々でしょう。僕は 50% くらいっていう印象なんですけどね

よっしゃ、そこまで言うなら、お前、お得意のデータを取ってみい。それ見て考えを改めたろやないか。いよいよわかるぞ、わしの正確な読みがっ！ あ〜、よう呑んだわ。さあて、仕上げに寝酒と行こかい。わしはこれから黒霧島とのドラマチックな一本勝負が待っているさかい、先帰るで。ほなっ！（店の奥へ）

あ、マスター行っちゃった。面倒くさいから明日の 1 日だけ「最初にタン塩を注文したお客さんが次にカルビを注文するか」をチェックしよう。100 人中 90 人は言い過ぎだしな、うんうん。あ、おかみさん、ごちそうさまでした〜

はい、6,800 円ね。毎度あり♪ 出口はあちらよ

えっ？！ 割り勘なんですかっ？！ マスターの方がお酒ガンガン行ってたのに折半とは……

（次の日）

マスター、データを取りましたよ。20 人中 14 人、70% でしたね。90% は高すぎました！

日	最初にタン塩を注文したお客さんの数	そのうち次にカルビを注文したお客さんの数
1	20	14

う〜ん、たまたまやな

たまたまっ?! それはズルすぎません?

お前も「半々や」て言うてたやないか。50%も低すぎた、いうことやないか

まぁ、そうですけど

よっしゃ、これを踏まえて8割5分っちゅうとこやな。あと、今日はたまたま「タン塩 → カルビ」のお客さんが少なかったっちゅうこっちゃ

え～、歩み寄っておられますけど、データが70%って言ってるんですから、70% でしょう

わしの長年の経験っちゅうもんも加味せんかいっ! こっちは49年やっとるんや。 8割5分に下げてもらえただけでもありがたいと思えっ! せやっ、明日からしばら くデータ取れよ。明日は、正統派のお客さんが多いかもしれんからな。ほなっ。(店 の奥へ)

わ、わかりました。こりゃ面倒なことになってきたな。しかしマスター、わからずや だなぁ。「長年の経験」とか言われても、そんなのデータ解析に含めることなんか できないし……

で・き・る・わ・よ♪

うわ、急に出てきましたね

ベイズ解析ってご存じ?

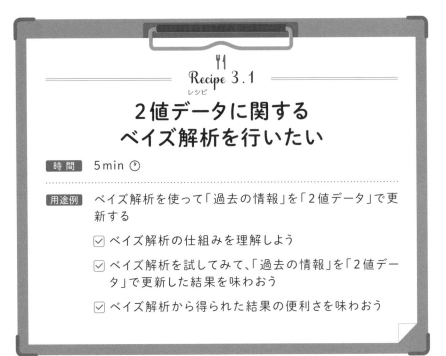

～ 材料 ～

「最初にタン塩を注文したお客さんは、次にカルビを注文するか」という問題について、事前情報「100人中90人が注文する」をデータ「20人中14人が注文した」で情報を更新します。

事前情報は「最初にタン塩を注文したお客さん100人（分母）のうち、次にカルビを注文するお客さんは90人（分子）」です。

実際のデータは、調査1日目における、その日（変数名：day）の「最初にタン塩を注文したお客さんの数（変数名：customer、単位は人）」のうち「次にカルビを注文したお客さんの数（変数名：shortrib、単位は人）」のデータです。1行目に列名、2行目にデータ、2行3列の形式です。

day	customer	shortrib
1	20	14

データ数が少ないので、データフレームの作成は行わず、「最初にタン塩を注文し

たお客さん20人（分母）のうち、次にカルビを注文するお客さんは14人（分子）」という
データを直接使用します。

～～ 準 備 ～～
（下ごしらえ）

　2値データに対するベイズ解析を行うための関数beta_p()を定義しておきます。
これで準備は完了です。

```
> beta_p <- function(n, x, n0=0, x0=0, l=0, u=1) {
+   a       <- x0+1 ; b   <- n0-x0+1
+   a_      <- x +a ; b_  <- n -x +b
+   p       <- pbeta(u, a_, b_) - pbeta(l, a_, b_)
+   mean    <- a_/(a_+b_) ; mode <- (a_-1)/(a_+b_-2)
+   median <- ifelse(a_>1 & b_>1, (a_-1/3)/(a_+b_-2/3), NA)
+   var     <- a_*b_/(a_+b_)^2/(a_+b_+1) ; sd <- sqrt(var)
+   result    <- round(c(mean, median, mode, sd, p), 3)
+   names(result) <- c("平均値","中央値","最頻値","標準偏差","確率")
+
+   library(ggplot2)
+   f <- function(y, c, d, lower, upper) ifelse(y >= lower &
+     y <= upper, dbeta(y, c, d), NA)
+   b <- ggplot(data.frame(y=c(0,1)), aes(y)) +
+     stat_function(fun=f, args=list(c=a_, d=b_, lower=l,
+       upper=u), geom="area", fill="cyan") +
+     stat_function(fun=dbeta, args=list(shape1=a, shape2=b),
+       color="black", lty=2) +
+     stat_function(fun=dbeta, args=list(shape1=a_, shape2=b_),
+       color="red", lwd=2) +
+     theme(axis.title=element_blank())
+
+   print(b)
+   return( result )
+ }
```

∽◦◦ 手 順 ◦◦∽

> | 手順 1 | 関数beta_p()の引数n0とx0にそれぞれ「事前情報における分母（100人）」「事前情報における分子（90人）」を指定、引数nとxにそれぞれ「データにおける分母（20人）」「データにおける分子（14人）」を指定します。

```
> beta_p(n=20, x=14, n0=100, x0=90)
```

> | 手順 2 | 事後分布ではなく、事前分布・事前情報の要約統計量やグラフが見てみたい場合は、引数nとxにそれぞれ0、すなわち「データにおける分母＝0人」「データにおける分子＝0人」を指定します。

```
> beta_p(n=0, x=0, n0=100, x0=90)
```

∽◦◦ 完 成 ◦◦∽

RStudioの左下「コンソール画面」に計算結果が表示されます。まず 手順1 の事後分布の結果を示します。

平均値	中央値	最頻値	標準偏差	確率
0.861	0.863	0.867	0.031	1.000

RStudioの右下の画面に事後分布のグラフが表示されます。横軸が「次にカルビを注文する割合」、縦軸が密度（起こりやすさ）、点線（----）が事前分布・事前情報、実線（─）が事後分布・結果です。

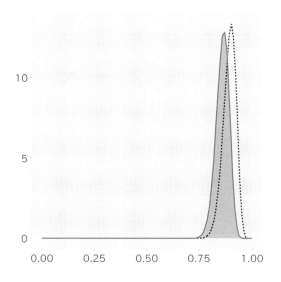

[手順2] を実行すると、事前分布・事前情報の要約統計量とグラフが表示されます（グラフは割愛します）。

平均値	中央値	最頻値	標準偏差	確率
0.892	0.895	0.900	0.031	1.000

ベイズ解析って何？

ベイズ解析の流れ

　ベイズ解析は、あらかじめ「事前分布・事前情報」を設定し、それを実際の「データ」により「事前分布・事前情報」を更新し、「事後分布・結果」を出すことが目的の解析手法です。

事前分布〔事前情報〕 × データ → 事後分布〔結果〕

　今回の問題は「最初にタン塩を注文したお客さんは、次にカルビを注文するか」ですので、「次にカルビを注文する割合」について上記の手順を行うことになります。具体的には「次にカルビを注文する割合（確率変数）」に対してベイズ解析を行い、「次にカルビを注文する割合」の確率分布に関する計算を行います。確率分布と言うと難しく感じますが、Recipe 1.3で学んだ密度曲線だと思えば簡単でしょう。しかも、グラフ作成や要約統計量の計算はRの関数beta_p()が全部やってくれますので、解釈だけできるようにすればOKです。

　まず、マスターの事前情報は「最初にタン塩を注文したお客さん100人のうち、次にカルビを注文するお客さんは90人」でした。この事前情報・事前分布を確率分布（≒密度曲線）で表すと以下となります。横軸が「次にカルビを注文する割合」、縦軸が密度（起こりやすさ）を表します。解釈はRecipe 1.3で解説した密度曲線と同じ要領です。最頻値・モードが0.9（90%）で、左の裾が少し長いので、平均値は90%よりも少し低い感じとなります。

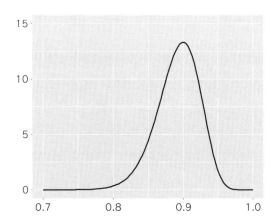

　関数beta_p()を使えば、事前分布・事前情報の要約統計量が上記グラフと共に表示されます。関数beta_p()の引数nとxにそれぞれ0、つまり「データにおける分母＝0人」「データにおける分子＝0人」を指定します。

```
> beta_p(n=0, x=0, n0=100, x0=90)

平均値   中央値   最頻値   標準偏差   確率
0.892   0.895   0.900     0.031   1.000
```

✓ 平均値：0.892（89.2%）

✓ 中央値：0.895（89.5%）

✓ 最頻値（モード）：0.900（90.0%）

✓ 標準偏差：0.031（3.1%）

✓ 確率：（今回は意味のない結果ですので見なくて結構です）

次に、以下の設定で事前情報・事前分布をベイズ解析で更新（ベイズ更新）します。

事前分布	マスターの事前情報により「最初にタン塩を注文したお客さん100人のうち、次にカルビを注文するお客さんは90人」と設定
データ	「最初にタン塩を注文したお客さん20人のうち、次にカルビを注文するお客さんは14人」
事後分布・結果	関数beta_p()を使用し、事前分布・事前情報をデータで更新して結果を出力

結果である事後分布を確率分布（実線）で表すと、以下となります。横軸が「次にカルビを注文する割合」、縦軸が密度（起こりやすさ）、点線は事前分布を表します。解釈はRecipe 1.3で解説した密度曲線と同じです。分布が少しだけ左に移動し、山の高さも少し低くなって、平均値や最頻値・モードも0.9（90%）よりも低くなりました。

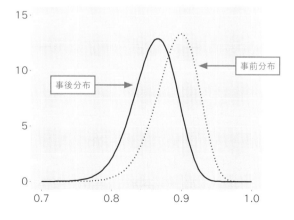

　関数beta_p()を使えば、事後分布・結果の要約統計量が上記グラフと共に表示されます。通常の計算による要約統計量と区別するため、ベイズ解析で得られた「事後分布に関する要約統計量」は先頭に「事後」を付けます。「ベイズ解析」「事後……」と言われると難しく見えますが、解釈だけであれば普通の要約統計量や密度曲線が理解できていれば簡単です。

```
> beta_p(n=20, x=14, n0=100, x0=90)

平均値  中央値  最頻値  標準偏差   確率
0.861  0.863  0.867    0.031  1.000
```

✓ 事後平均値：0.861（86.1%）

✓ 事後中央値：0.863（86.3%）

✓ 事後最頻値（事後モード）：0.867（86.7%）

✓ 事後標準偏差：0.032（3.2%）

✓ 事後確率：（今回は意味のない結果ですので見なくて結構です）

　今回のベイズ解析の流れをグラフで表すと以下となり、関数beta_p()はこの2つの分布を1枚のグラフにまとめて表示させています。「事前分布・事前情報」を「データ」で更新して「事後分布・結果」を出すということは、データで確率分布（≒密度曲線）を描き直している、とも理解できます。また、「次にカルビを注文する割合」は約90%から約86%に更新されています。

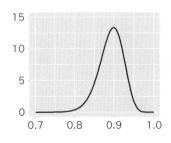
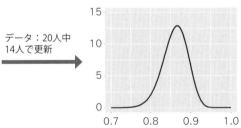

事前分布：100人中90人

・平均値　：0.892（89.2%）
・中央値　：0.895（89.5%）
・最頻値　：0.900（90.0%）
・標準偏差：0.031（3.1%）

事後分布・結果

・事後平均値　：0.861（86.1%）
・事後中央値　：0.863（86.3%）
・事後最頻値　：0.867（86.7%）
・事後標準偏差：0.032（3.2%）

ちなみに、今回は事前分布「100人中、次にカルビを注文するお客さんは90人」を、1日目のデータ「20人中、次にカルビを注文するお客さんは14人」でベイズ更新しましたので、事後分布は「100＋20＝120人中、次にカルビを注文するお客さんは90＋14＝104人」という情報で作られた確率分布となります。

平均値、中央値、最頻値・モードの関係

　Recipe 1.3の復習になりますが、密度曲線の形と「平均値＜中央値＜最頻値・モード」との関係が事後分布でも見て取れます。例えば、山が一番高いところが「事象が一番起こりやすいところ」で事後最頻値・モード（86.7％）でした。分布の「真ん中」をどれで表すべきかは「なじみがあるから事後平均値」や「山が一番高いところが最も密度が高い（一番起こりやすい）のだから事後最頻値・モード」など諸説ありますが、計算が簡単な事後平均値を使われることが多いです。

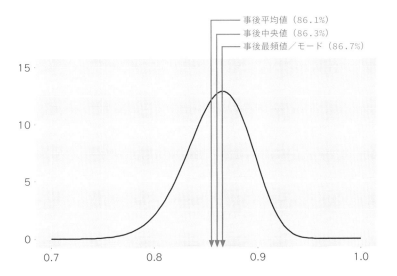

事後平均値（86.1％）
事後中央値（86.3％）
事後最頻値／モード（86.7％）

事前分布の重み

　事前情報・事前分布をベイズ更新して、事後分布が得られました。が、今回得られた結果では、せっかくベイズ解析を行ったにも関わらず、要約統計量も確率分布の形もあまり変わっていません。ベイズ解析では「事前分布・事前情報」の情報量（重み）やデータの情報量（重み）という概念があり、今回（2値データ）の場合は分母の人数が重みに該当します。つまり、事前分布・事前情報は100人分、データは20人分ですので、100人（事前分布）を20人（データ）で動かそうとしても、事

前分布はなかなか動きません。

　ところで、「事前分布・事前情報」がほぼなくてもベイズ解析は実施できます。「事前分布・事前情報」をほぼゼロにしたものを「無情報事前分布」と呼び、今回の場合は、関数beta_p()の引数n0とx0にそれぞれ0、つまり「事前情報における分母＝0人」「事前情報における分子＝0人」を指定すれば無情報事前分布を設定することができます。

　もし「無情報事前分布」をデータ「最初にタン塩を注文したお客さん20人のうち、次にカルビを注文するお客さんは14人」で更新した場合、グラフで表すと以下となります。事前分布がフラットな線になっており、これで「次にカルビを注文する割合は、0％から100％まで同じ密度・起こりやすさ」、つまり無情報であることを表しています。

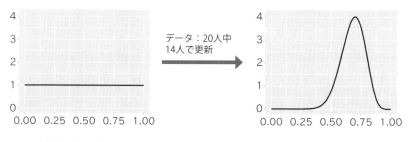

事前分布：0人中0人

データ：20人中14人で更新

事後分布・結果

　関数beta_p()を使えば、事後分布・結果の要約統計量が上記グラフと共に表示されます。結果は、ほぼデータそのもの（20人中14人で70％）に近くなっています。「無情報事前分布」はデータの重みがほぼないため、20人分の少ないデータで更新しても分布の形がガラッと変わっています。

```
> beta_p(n=20, x=14, n0=0, x0=0)

平均値   中央値   最頻値   標準偏差   確率
0.682   0.688   0.700    0.097    1.000
```

✓ 事後平均値：0.682（68.2％）

✓ 事後中央値：0.688（68.8％）

✓ 事後最頻値（事後モード）：0.700（70.0％）

✓ 事後標準偏差：0.097（9.7％）

✓ 事後確率：（今回は意味のない結果ですので見なくて結構です）

「無情報事前分布」を使ってベイズ解析をしても、普通の統計量（20人中14人で70％）とあまり変わりがないものが計算されるのであれば、「無情報事前分布」を使うメリットはないように思いますが、そうではありません。ベイズ解析は長年、日の目を見ませんでしたが、その大きな理由は「事前分布・事前情報を決めるときに主観・思い込みが入るから、結果が客観性に欠ける」という点にありました。この問題のお手当ての1つが「無情報事前分布」と言えます。さらに、「無情報事前分布」を使うと少しよいことがありますが、それはRecipe 3.3に譲ります。

実食

ベイズ解析の流れがよくわかりました！ところで、せっかく「事前分布・事前情報」をデータで更新しても、要約統計量も確率分布の形もあまり変わっていない気がするんですが……

そうねぇ、うちの人の思い込みでは「最初にタン塩を注文したお客さん100人のうち、次にカルビを注文するお客さんは90人」だったから、「次にカルビを注文する割合」の事前分布の平均値はだいたい90％で、事後平均値は86.1％だから……、8割5分ってとこね

あ、マスターと同じこと言ってる。困るんですよ、それじゃあ。マスターに負けた気がして……

あら、うちの人も8割5分って言ってたぁ？ やだ、フィーリングがピッタリ。惚れ直しちゃう♪

おノロケはイイですから……、理由を教えてくださいよ

「事前分布・事前情報」の情報量（重み）やデータの情報量（重み）は、今回の場合は分母の人数で決まるのよ。「事前分布・事前情報」は100人分、データは20人分だから、これだけのデータでは、なかなか事前分布は動かないわね。重い方が有利なのは相撲と一緒よ

ありゃりゃ、マスターの思い込みの激しさが「事前分布・事前情報」に反映されたからなんですね。まさかベイズ解析でも迷惑をかけられるとは……

うちの人の思い込みでは「最初にタン塩を注文したお客さん100人のうち、次にカルビを注文するお客さんは90人」だったからよかったものの、うちの人がもっと酔っぱらってて「10,000人中9,000人」って言ってたら、あなたの完敗だったわよ

```
> beta_p(n= 0, x= 0, n0=10000, x0=9000)  # 事前分布・事前情報
  平均値  中央値  最頻値  標準偏差  確率
  0.900  0.900  0.900    0.003  1.000

> beta_p(n=20, x=14, n0=10000, x0=9000)  # 事後分布
  平均値  中央値  最頻値  標準偏差  確率
  0.900  0.900  0.900    0.003  1.000
```

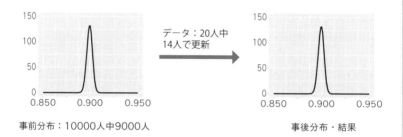

データ：20人中
14人で更新

事前分布：10000人中9000人

事後分布・結果

うわぁ……、結果が1ミリも動いていませんね。「事前分布・事前情報」の情報量、恐るべし

== まとめ ==

- ☑ ベイズ解析は、「事前分布・事前情報」を設定し、「データ」により「事前分布・事前情報」を更新し、「事後分布・結果」を出すことが目的
- ☑ 事後分布・結果の要約統計量は、普通の要約統計量と同様に解釈できるが、用語の頭に「事後●●」が付く
- ☑ 事後分布・結果の確率分布は、Recipe 1.3で解説した密度曲線と同じような解釈でよい
- ☑ 「事前分布・事前情報」や「データ」には情報量（重み）がある

Recipe 3.2
レシピ

2値データに関する ベイズ解析を繰り返したい

時間 10min ⏱

用途例 ベイズ解析を使って「過去の情報」を「2値データ」で何回も更新する

☑ ベイズ解析に慣れよう

☑ ベイズ解析で「過去の情報」を「2値データ」で何回も更新できることを理解しよう

☑ ベイズ解析から得られた事後分布から得られる確率を味わおう

～材料～

　「最初にタン塩を注文したお客さんは、次にカルビを注文するか」について、事前情報「100人中90人が注文する」を、データ「20人中14人が注文した」「15人中7人が注文した」……で、情報を次々に更新していきます。データは前回のものに加え、さらに4日間調査したものを使用します（計5日分）。

　調査1日目～5日目における、それぞれの日（変数名：day）の「最初にタン塩を注文したお客さんの数（変数名：customer、単位は人）」のうち「次にカルビを注文したお客さんの数（変数名：shortrib、単位は人）」のデータです。1行目に列名、2～6行目にデータ、6行3列の形式です。

day	customer	shortrib
1	20	14
2	15	7
3	10	9
4	15	10
5	18	15

準 備
（下ごしらえ）

材料（データ）をRに読み込ませ、データフレーム「mydata7」を作成します。方法は3種類ありますので、お好きな方法で準備してください。

方法1 パッケージ「readxl」を呼び出し、Excelファイル「data.xlsx」を「C:¥temp」フォルダに格納した後、シート「Sheet31」から読み込み

```
> library(readxl)
> mydata7 <- read_excel("c:/temp/data.xlsx", sheet="Sheet31")
> mydata7
```

方法2 CSVファイル「Sheet31.csv」を「C:¥temp」フォルダに格納した後、読み込み

```
> mydata7 <- read.csv("c:/temp/Sheet31.csv")
> mydata7
```

方法3 RStudioの左上「ソース画面」にデータを手打ちした後、プログラムを実行することで読み込み

```
> mydata7 <- data.frame( day=1:5,
+                        customer=c(20, 15, 10, 15, 18),
+                        shortrib=c(14, 7, 9, 10, 15) )
> mydata7
```

方法1 ～ **方法3** のいずれかを実行すると、データが読み込まれ、左下「コンソール画面」にデータフレーム「mydata7」が表示されます。データフレーム

「mydata7」の全体を閲覧する場合は、RStudioの右上「Environment」タブから「mydata7」をクリックします。左上の画面にデータフレーム「mydata7」が表示されます。

	day	shortrib	customer
1	1	20	14
2	2	15	7
3	3	10	9
4	4	15	10
5	5	18	15

2値データに対するベイズ解析を行うための関数beta_p()を定義しておきます。これで準備は完了です。

```
> beta_p <- function(n, x, n0=0, x0=0, l=0, u=1) {
+   a       <- x0+1 ; b  <- n0-x0+1
+   a_      <- x +a ; b_ <- n -x +b
+   p       <- pbeta(u, a_, b_) - pbeta(l, a_, b_)
+   mean    <- a_/(a_+b_) ; mode <- (a_-1)/(a_+b_-2)
+   median  <- ifelse(a_>1 & b_>1, (a_-1/3)/(a_+b_-2/3), NA)
+   var     <- a_*b_/(a_+b_)^2/(a_+b_+1) ; sd <- sqrt(var)
+   result  <- round(c(mean, median, mode, sd, p), 3)
+   names(result) <- c("平均値","中央値","最頻値","標準偏差","確率")
+
+   library(ggplot2)
+   f <- function(y, c, d, lower, upper) ifelse(y >= lower &
+     y <= upper, dbeta(y, c, d), NA)
+   b <- ggplot(data.frame(y=c(0,1)), aes(y)) +
+     stat_function(fun=f, args=list(c=a_, d=b_, lower=l,
+       upper=u), geom="area", fill="cyan") +
+     stat_function(fun=dbeta, args=list(shape1=a, shape2=b),
+       color="black", lty=2) +
+     stat_function(fun=dbeta, args=list(shape1=a_, shape2=b_),
+       color="red", lwd=2) +
+     theme(axis.title=element_blank())
+
+   print(b)
+   return( result )
+ }
```

∽∾ 手 順 ∽∾

| 手順 1 | データフレーム「mydata7」の各変数について合計を計算する場合は、関数 apply(データフレーム名, 2(列ごとに処理), 適用する関数)を使用します。 |

```
> apply(mydata7, 2, sum)
```

| 手順 2 | データフレーム「mydata7」の各変数について、データの1〜2行目（1〜2日目）のみ合計を計算する場合は、以下のようにします。 |

```
> apply(mydata7[1:2,], 2, sum)
```

| 手順 3 | まず、以下の設定で事前情報をベイズ更新します。 |

事前分布	マスターの事前情報と1日目のデータ（day=1のデータ）を合わせ、「最初にタン塩を注文したお客さん100＋20＝120人のうち、次にカルビを注文するお客さんは90＋14＝104人」と設定
データ	2日目のデータ（day=2のデータ）「最初にタン塩を注文したお客さん15人のうち、次にカルビを注文するお客さんは7人」
事後分布・結果	関数beta_p()を使用し、事前分布・事前情報をデータで更新して結果を出力

```
> beta_p(n=15, x= 7, n0=120, x0=104)
```

| 手順 4 | 次に、以下の設定で事前情報をベイズ更新します。 |

事前分布	マスターの事前情報「最初にタン塩を注文したお客さん100人のうち、次にカルビを注文するお客さんは90人」と設定
データ	1〜2日目のデータ（day=1〜2のデータ）「最初にタン塩を注文したお客さん20＋15＝35人のうち、次にカルビを注文するお客さんは14＋7＝21人」
事後分布・結果	関数beta_p()を使用し、事前分布・事前情報をデータで更新して結果を出力

```
> beta_p(n=35, x=21, n0=100, x0= 90)
```

手順5	最後に、以下の設定で事前情報をベイズ更新します。

事前分布	マスターの事前情報「最初にタン塩を注文したお客さん100人のうち、次にカルビを注文するお客さんは90人」と設定
データ	1〜5日目のデータ（day=1〜5のデータ）「最初にタン塩を注文したお客さん78人のうち、次にカルビを注文するお客さんは55人」
事後分布・結果	関数beta_p()を使用し、事前分布・事前情報をデータで更新して結果を出力、今回は「次にカルビを注文するお客さんの割合が80％〜90％の間にある確率」も計算するため、関数beta_p()に引数l=0.8、引数u=0.9も指定する

```
> beta_p(n=78, x=55, n0=100, x0= 90, l=0.8, u=0.9)
```

～∽完成∽～

RStudioの左下「コンソール画面」に、データフレーム「mydata7」の各変数について合計を計算した 手順1 と 手順2 の結果が表示されます。

```
> apply(mydata7, 2, sum)        # 手順1 合計
     day   customer   shortrib
      15         78         55

> apply(mydata7[1:2,], 2, sum)  # 手順2 1〜2行目のみの合計
     day   customer   shortrib
       3         35         21
```

RStudioの左下「コンソール画面」に、ベイズ解析で得られた要約統計量（手順3 〜 手順5）も表示されます。

```
> beta_p(n=15, x= 7, n0=120, x0=104)              # 手順3
  平均値  中央値  最頻値  標準偏差    確率
  0.818   0.819   0.822     0.033   1.000

> beta_p(n=35, x=21, n0=100, x0= 90)              # 手順4
  平均値  中央値  最頻値  標準偏差    確率
  0.818   0.819   0.822     0.033   1.000

> beta_p(n=78, x=55, n0=100, x0= 90, l=0.8, u=0.9)  # 手順5
  平均値  中央値  最頻値  標準偏差    確率
  0.811   0.812   0.815     0.029   0.660
```

RStudioの右下の画面にグラフが表示されます。ここでは 手順5 の結果のみ示します。横軸が「次にカルビを注文する割合」、縦軸が密度（起こりやすさ）、点線（----）が事前分布・事前情報、実線（―）が事後分布・結果です。水色の領域は「次にカルビを注文するお客さんの割合が80%～90%の間にある確率」を示します。

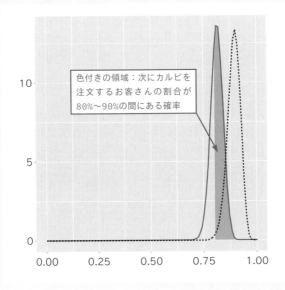

色付きの領域：次にカルビを注文するお客さんの割合が80%～90%の間にある確率

ベイズ解析の繰り返し、事後分布からの確率計算

ベイズ解析の繰り返し

Recipe 3.1では、事前情報を「1日目のデータ」でベイズ更新しました。

事前分布	「最初にタン塩を注文したお客さん100人のうち、次にカルビを注文するお客さんは90人」と設定
1日目のデータ	「最初にタン塩を注文したお客さん20人のうち、次にカルビを注文するお客さんは14人」
事後分布・結果	関数beta_p()を使用し、事前分布・事前情報をデータで更新して結果を出力

　今回はさらに「2日目のデータ」～「5日目のデータ」を入手しています。このデータをすべて使ってベイズ更新したいのですが、どうすればよいでしょう。パッと思いつく案は以下ですが、これではデータが大量にあった場合に作業が追いつきません。

---

　1 事前分布を1日目のデータでベイズ更新して事後分布を求める

　2 1で得られた事後分布を事前分布とし、2日目のデータでベイズ更新して新たに事後分布を求める

　3 2で得られた事後分布を事前分布とし、3日目のデータでベイズ更新して新たに事後分布を求める

　4 3で得られた事後分布を事前分布とし、4日目のデータでベイズ更新して……（以下、続く）

　別の方法を検討する前に、1つ実験をしてみましょう。まず、上記 1 と 2 まで実行してみます。手順の詳細は以下の通りです。

1日目、2日目のデータでベイズ更新

　1 事前分布「100人中、次にカルビを注文するお客さんは90人」を、1日目のデータ「20人中、次にカルビを注文するお客さんは14人」でベイズ更新
　　➡ 事後分布は「100＋20＝120人中、次にカルビを注文するお客さんは90＋14＝104人」という情報で作られた確率分布となる

② ①の事後分布「120人中、次にカルビを注文するお客さんは104人」を事前分布とし、2日目のデータ「15人中、次にカルビを注文するお客さんは7人」でベイズ更新

①は計算が済んでいます。関数beta_p () を使えば、②のベイズ更新終了後の事後分布・結果の要約統計量が表示されます。

```
> beta_p(n=15, x=7, n0=120, x0=104)

 平均値   中央値   最頻値   標準偏差    確率
 0.818   0.819   0.822    0.033    1.000
```

次に、以下の設定でベイズ解析を行います。要は、一番最初のマスターの事前分布を「1日目と2日目のデータ」で一気に更新してみます。

1日目、2日目のデータをまとめてベイズ更新

事前分布「100人中、次にカルビを注文するお客さんは90人」を1日目と2日目を合計したデータ「20＋15＝35人中、次にカルビを注文するお客さんは14＋7＝21人」でベイズ更新

関数beta_p()を使えば、このベイズ更新終了後の事後分布・結果の要約統計量が表示されます。なんと結果は、それぞれベイズ更新した場合とピッタリ一致します！

```
> beta_p(n=35, x=21, n0=100, x0= 90)

 平均値   中央値   最頻値   標準偏差    確率
 0.818   0.819   0.822    0.033    1.000
```

まとめると、「一番最初の事前分布を1日目のデータでベイズ更新」「その後、2日目のデータでベイズ更新」しても、「一番最初の事前分布を1日目と2日目のデータで一気にベイズ更新」しても結果は変わりません。ベイズ解析は、事前分布・事前情報をデータで更新できる手法ですが、これに加えて「1回ごとにベイズ更新」した結果と「まとめてベイズ更新」した結果が等しくなってくれるという、とてもありがたい性質があります。もし、この性質がなければ、集まったデータは同じなのに、データ

を解析する回数や時点で結果が変わることになり困ります。

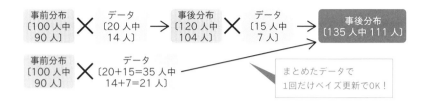

つまり今回の場合、「事前分布を5回ベイズ更新」しなくて済み、「事前分布を、5日分まとめたデータで1回だけベイズ更新」すればよいことになります。関数applyで以下のように計算することで、1日目〜5日目を合計したデータは「78人中、次にカルビを注文するお客さんは55人」と計算されます。このデータによりベイズ更新した結果、「次にカルビを注文する割合」が約90％から約81％に更新されました。

```
> apply(mydata7, 2, sum)    # 1〜5日分の合計
     day customer shortrib
      15       78       55

> beta_p(n=78, x=55, n0=100, x0= 90)

  平均値  中央値  最頻値  標準偏差   確率
  0.811  0.812  0.815    0.029  1.000
```

✓ 事後平均値：0.811（81.1％）

✓ 事後中央値：0.812（81.2％）

✓ 事後最頻値（事後モード）：0.815（81.5％）

✓ 事後標準偏差：0.029（2.9％）

✓ 事後確率：（今回は意味のない結果ですので見なくて結構です）

余談ですが、Recipe 1.5のシミュレーションでは「前提条件・仮定を1カ月分ごとのデータで見直すのがよい」ことを学びましたが、ベイズ解析でも同じことが言えます。1回だけデータを集めて1回だけベイズ解析しても、その1回のデータがよくないかもしれませんし、その後に状況が変わるかもしれません。以下のような手順で「データを集めてベイズ解析」を繰り返せば繰り返すほど、事後分布という名の知識が増えていきます。

データを集めてベイズ解析の流れ

> 1 事前分布・事前情報を設定する
> 2 データを集める
> 3 1 の事前分布を 2 のデータでベイズ更新し、事後分布を求め、結果を解釈する
> 4 データを集める
> 5 3 の事後分布を事前分布とし、4 のデータでベイズ更新し、事後分布を求め、結果を解釈する
> 6 データを集める……（以下繰り返し）

事後分布から確率計算

　事後分布からは、要約統計量やグラフの他にも、さまざまな確率を計算することができます。先ほど「事前分布を5日分まとめたデータでベイズ更新」しましたが、この事後分布を使って、例えば「次にカルビを注文するお客さんの割合が80％～90％の間にある確率」も計算してみましょう。関数beta_p()に引数l=0.8、引数u=0.9も指定して実行します。

```
> beta_p(n=78, x=55, n0=100, x0= 90, l=0.8, u=0.9)
  平均値  中央値  最頻値  標準偏差  確率
  0.811  0.812  0.815   0.029   0.660
```

　「次にカルビを注文するお客さんの割合が80％～90％の間にある確率」は、下のグラフの「灰色部分の面積」に相当し、66％と計算されました。このように、事後分布から計算された確率を事後確率と呼びます。Recipe 1.3で学んだ「密度曲線から確率を計算する」ことと同じ話です。「有意差あり／なし」しか判断できない検定と違い、事後分布では「●が▲～■になる確率は★％」という計算ができるので、ある行動に対するリスク（確率）を計算して将来の行動を決める、なんてこともできます。

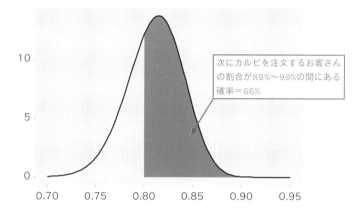

次にカルビを注文するお客さんの割合が80%〜90%の間にある確率＝66%

連続データで「ちょうど●」となる確率

連続データの場合は「ちょうど●となる確率」はゼロとなります。例えば、「次にカルビを注文するお客さんの割合がちょうど80％になる確率」を計算すると、結果は0％になってしまいます。

```
> beta_p(n=78, x=55, n0=100, x0= 90, l=0.8, u=0.8)

 平均値  中央値  最頻値  標準偏差    確率
 0.811  0.812  0.815   0.029   0.000
```

確率は「確率分布（≒密度曲線）の面積」でした。「次にカルビを注文するお客さんの割合がちょうど80％」を図示すると以下のグラフのような線で表現されます。線は普通「面積はゼロ」と考えますので、確率も0％になります。

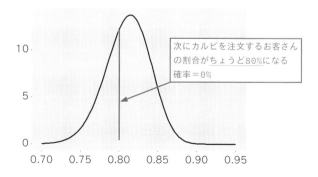

次にカルビを注文するお客さんの割合がちょうど80%になる確率＝0%

実 食

なるほど、ベイズ解析を使うとデータでドンドン知識が増えていくんですね

 世間では、「一度決めたことは、人からどんなアドバイスをもらっても、絶対に更新しない人」と、「一度決めた後、人からアドバイスをもらったら、考え直して決めたことを更新する人」がいるわよね。ベイズ解析で言うと、前者は「事前分布を大事にして、データを集めても何もせず事前分布を更新しない」人、後者は「事前分布を設定した後、データを集めてベイズ更新を繰り返して事後分布・結果を更新し続ける」人ってことね

「一度決めたことを変えると信ぴょう性がない」とか「考えをコロコロ変えるのは……」とか批判する人がいますけど、ベイズ解析の考えには合わないですね。そう考えるとマスター、「100人中90人」って言ってて、データを見て「8割5分」って考えを変えられましたね。ちゃんとベイズ解析の考え方を取り入れててエライですねぇ。本人は意識してないでしょうけど

 最近、機械学習やAIが流行っているけど、基本的な仕組みはベイズ解析と似ているわね。さてさて、お話はこれくらいにして、お店を開ける準備をしましょうか。あ、明日から私、しばらくお店を休むから。マスターと2人で頑張ってちょうだいね。ヨ・ロ・ピ・ク♪

えっ？ えっ？！ 明日からですかっ？！ 連続データの場合のベイズ解析について教えてもらおうと思っていたところだったんですが……

 あらあら、相変わらず勉強熱心ね

お願いします。バイト代はいりませんから、お願いしますっ！

 じゃあ、向こう1カ月はタダ働きでイイってことね♪

え、今日だけタダ働きで、という意味だったんですけど……。それでもイイですっ！ お願いしますっ！

う～ん、強引な感じはキライじゃないからねぇ……。イイわよ。教えてあげる。あなたに言い忘れてたこともあるし

やったぁ！ ありがとうございますっ！ せっかく2値データのベイズ解析を勉強したのに、連続データをベイズで解析ができないと……という感じですので

 勤勉で何よりね。明日は予定日だってのに、とんだこき使われ方だわ。いたいけな妊婦だってのに、失礼しちゃうわ♪

えっ?! おかみさん、明日からお休みって、10人目が産まれるからなんですかっ?! っていうか、出産予定日前日まで働くんですね。凄い体力と精神力……

 10人目じゃないわよ。10人目と11人目よ♪

ええっ?! まさかの双子とは……

 さてさて、いつ産まれるかもわからないから、ちゃっちゃとやりましょうか。データを集めてる暇はないから、Recipe 1.1で使った「1日のカルビの注文数」30日分のデータを使いましょう

— まとめ —

☑ 「事前分布を1つ目のデータでベイズ更新」「その後、2つ目のデータでベイズ更新」としても、「事前分布を1つ目と2つ目のデータでベイズ更新」しても結果は変わらない

☑ 事後分布から、Recipe 1.3でやった密度曲線と同じように、「●が▲～■になる確率は★%」という確率が計算できる

☑ 「線の面積はゼロ」なので、「●がちょうど▲になる確率」はゼロになってしまう

Recipe 3.3
レシピ

連続データに関する
ベイズ解析を行いたい

時間 10min ⏱

用途例 事前情報がない場合の連続データに関するベイズ解析を行う

☑ 連続データに対するベイズ解析をやってみよう

☑ ベイズ解析の確信区間・信用区間が、信頼区間よりも便利であることを味わおう

☑ 事後分布から得られた確率が、検定結果よりも便利であることを味わおう

∽ 材料 ∽

「1日のカルビの注文数」について「無情報事前分布」をデータ「1日のカルビの注文数のデータ30日分」で情報を更新します。材料はRecipe 1.1と同じく、それぞれの日（変数名：day）のカルビの注文数（変数名：shortrib、単位は皿）のデータを使います（P.5参照）。

∽ 準備 ∽
（下ごしらえ）

材料（データ）をRに読み込ませ、お好きな方法でデータフレーム「mydata」を作成します。今回はRecipe 1.1の **方法3** を使用します。

```
> mydata <- data.frame( day=1:30, shortrib=c(35, 35, 40, 52,
+   43, 43, 38, 42, 41, 47, 46, 36, 36, 39, 47, 42, 43, 38,
+   49, 39, 36, 42, 38, 36, 38, 36, 28, 38, 42, 35) )
```

```
> head(mydata)
```

実行すると、カルビの注文数のデータが読み込まれるとともに、左下「コンソール画面」にデータフレーム「mydata」の1〜6行目が表示されます。

連続データに対するベイズ解析を行うための関数norm_p()を定義しておきます。これで準備は完了です。

```
> head(mydata)
  day shortrib
1   1       35
2   2       35
3   3       40
4   4       52
5   5       43
6   6       43
```

```
> norm_p <- function(x, l=-Inf, u=Inf) {
+   mean    <- mean(x)  ; n <- length(x) ; v <- n-1
+   S2      <- v*var(x) ; t <- qt(0.975,v)
+   lower   <- mean-t*sqrt(S2/(v*n))
+   upper   <- mean+t*sqrt(S2/(v*n))
+   p       <- pt((u-mean)/sqrt(S2/(v*n)), v) -
+              pt((l-mean)/sqrt(S2/(v*n)), v)
+   result  <- round(c(mean, lower, upper, p), 3)
+   names(result) <- c("平均値","信頼下限","信頼上限","確率")
+   return( result )
+ }
```

〜〜〜 手順 〜〜〜

| 手順
1 | 以下の設定で事前情報をベイズ更新します。 |

事前分布	無情報事前分布を設定
データ	30日分の「1日のカルビの注文数（mydata$shortrib）」、データは正規分布に従っていると仮定
事後分布・結果	関数norm_p(変数名, l=確率を求める範囲の下限, u=確率を求める範囲の上限)を使用し、事前分布・事前情報をデータで更新して結果を出力、今回は「1日のカルビの注文数が38.134皿〜41.866皿の間にある確率」も計算するため、関数norm_p()に引数l=38.134、引数u=41.866も指定する

```
> norm_p(mydata$shortrib, l=38.134, u=41.866)
```

～∞完成∞～

RStudioの左下「コンソール画面」に、ベイズ解析の結果が表示されます。

```
> norm_p(mydata$shortrib, l=38.134, u=41.866)
   平均値   信頼下限   信頼上限    確率
  40.000   38.134   41.866   0.950
```

ベイズ版の"信頼区間"と事後確率

連続データに対するベイズ解析

　今回は「1日のカルビの注文数」に対してベイズ解析を行い、「1日のカルビの注文数」の確率分布に関する計算を行います。以下の設定で事前情報・事前分布をベイズ解析で更新（ベイズ更新）します。

事前分布	無情報事前分布を設定
データ	30日分の「1日のカルビの注文数」、データは正規分布に従っていると仮定
事後分布・結果	正規分布のような山形の分布（t分布の一種）が得られる

　結果の分布は、正規分布と同じく「左右対称で山形」の分布となります。この場合、「平均値＝中央値＝最頻値・モード」となりますので、分布の「真ん中」は事後平均値で要約します。

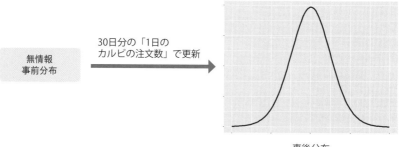

無情報
事前分布

30日分の「1日の
カルビの注文数」で更新

事後分布

関数norm_p()を使えば、事後分布・結果の要約統計量が表示されます。以下の事後平均値や95％確信区間（95％信用区間）と、Recipe 1.4で求めた普通の平均値：40皿や普通の95％信頼区間[38.13426, 41.86574]と比較してみてください。なんと、ほぼ一致しています！ 関数norm_p()の引数l=38.134、引数u=41.866については後述します。

```
> norm_p(mydata$shortrib, l=38.134, u=41.866)
 平均値  信頼下限  信頼上限    確率
 40.000  38.134   41.866   0.950
```

✓ 事後平均値：40.000皿

✓ 95％確信区間（95％信用区間）：38.134皿〜41.866皿

✓ 1日のカルビの注文数が38.134皿〜41.866皿の間にある事後確率：95％

95％確信区間・95％信用区間

　Recipe 1.4の復習です。「1日のカルビの注文数」の普通の95％信頼区間は[38.13426, 41.86574]、小数第3位まで表示すると[38.134, 41.866]でした。解釈は、以下の通りヤヤコシイものでした。

> 「1日あたりのカルビの注文数の真の平均値」というものがあり、どんな値かは不明。この [38.134, 41.866]という区間に「1日のカルビの注文数の真の平均値」が含まれる確率は、100％（含まれる）か0％（含まれない）かのどちらか、だがどちらかは不明。ちなみに、同じようなこと（30日分のデータを取って95％信頼区間を計算）を100回繰り返したときに、100個の信頼区間のうち95個は「真の平均値」を含む、そんな計算で得られる信頼区間が95％信頼区間

　さて、関数norm_p()から出力された値の1つに、95％確信区間（95％信用区間）というものがあります。これは「ベイズ版の95％信頼区間」です。今回は無情報事前分布を使っているため、普通の95％信頼区間と「95％確信区間」は、ほぼ一致しています。これは「無情報事前分布を使ってベイズ解析をしても、普通の平均値や信頼区間と結果に変わりがないので、無情報事前分布を使うメリットはない」ことを示しているのではありません。無情報事前分布を使うメリットは「事前情報をなるだけ少なくして、結果の信頼性をより上げる・客観的にする」ことに加え、もう1つよいことがあります。

　ベイズの「95％確信区間」である[38.134, 41.866]は、「1日のカルビの注文数の真の平均値は、95％の確率で38.134皿～41.866皿の間にある」と解釈できます。95％は十分に大きいため、「1日のカルビの注文数は38.134皿～41.866皿である」と言ってよいかもしれません。つまり、無情報事前分布を使っているお陰でベイズの「95％確信区間」は、95％信頼区間と結果がほぼ同じとなり、ベイズの「95％確信区間」は、95％信頼区間と違ってわかりやすい解釈ができるという利点があります。

検定と事後確率

　Recipe 2.5の復習として、「1日のカルビの注文数が40皿かどうか」をt検定します（以下、有意水準は5％とします）。これはRの関数t.test()で簡単に計算できます。

```
> t.test(mydata$shortrib, mu=40)

        One Sample t-test
data:  mydata$shortrib
t = 0, df = 29, p-value = 1
alternative hypothesis: true mean is not equal to 40
```

　手順と解釈は以下の通りでした。

> 1 比較の枠組みは、1日のカルビの注文数が40皿でないことを証明したい
> 2 帰無仮説として「1日のカルビの注文数は40皿である」と仮定
> 3 帰無仮説が成り立っている条件の下で（「差がない」と仮定して）得られたデータよりも極端なことが起きる確率をt検定で計算した結果、p値＝1＝100％
> 4 得られたp値は有意水準5％よりも大きいので有意差なし、「帰無仮説」が間違っているとは言えず、「1日のカルビの注文数は40皿でないとは言えない」と結論する

　次に、「1日のカルビの注文数が39皿かどうか」をt検定します。帰無仮説は先ほどと同様、p値＝0.282＝28.2％は、有意水準5％よりも大きいので有意差なし、「帰無仮説」が間違っているとは言えず、「1日のカルビの注文数は39皿でないとは言えない」と結論します。

```
> t.test(mydata$shortrib, mu=39)

        One Sample t-test
data:  mydata$shortrib
t = 1.0962, df = 29, p-value = 0.282
alternative hypothesis: true mean is not equal to 39
```

さらに、「1日のカルビの注文数が38皿かどうか」をt検定します。帰無仮説は先ほどと同様、p値＝0.03652＝3.652％は、有意水準5％よりも小さいので有意差あり、「帰無仮説」が間違いで、「1日のカルビの注文数は38皿でない」と結論します。

```
> t.test(mydata$shortrib, mu=38)

        One Sample t-test
data:  mydata$shortrib
t = 2.1924, df = 29, p-value = 0.03652
alternative hypothesis: true mean is not equal to 38
```

ここまで解析してわかったことは「1日のカルビの注文数は40皿や39皿でないとは言えない」「1日のカルビの注文数は38皿ではない」です。これだけ解析したにも関わらず、結局、1日のカルビの注文数は何皿なのか、検定結果だけではよくわかりません。検定は便利ですが、ある値や別のグループの平均値などと比較して「差がある」か「差があるとは言えない」かの結論しか得られません。要は、ある1つの値についての比較結果しか得られず、しかも有意差がないときは何も主張ができません。

ところで、ベイズの事後確率（事後分布から計算された確率）を計算してみます。関数norm_p()の引数lに左端の値、引数uに右端の値を指定することで、先ほど計算した事後分布から、例えば「1日のカルビの注文数が40皿以上となる確率」や「1日のカルビの注文数が38皿以下となる確率」が計算できます。

```
> norm_p(mydata$shortrib, l=40)
  平均値   信頼下限   信頼上限     確率
 40.000    38.134    41.866    0.500

> norm_p(mydata$shortrib, u=38)
  平均値   信頼下限   信頼上限     確率
 40.000    38.134    41.866    0.018
```

結果はそれぞれ50％と1.8％、「1日のカルビの注文数が40皿以上か以下かは半々」だが「「1日のカルビの注文数が38皿以下ではなさそう」ということがわかります。

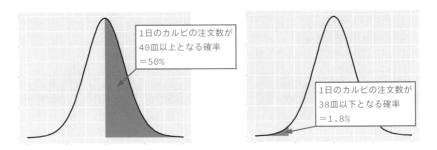

関数norm_p()の引数lと引数uを両方指定する例として「1日のカルビの注文数が38皿～40皿となる確率」を計算します。

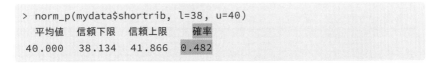

```
> norm_p(mydata$shortrib, l=38, u=40)
  平均値   信頼下限   信頼上限   確率
  40.000   38.134    41.866   0.482
```

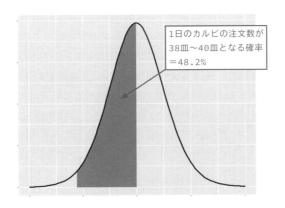

検定結果のp値は「確率」とはいえ、結局は有意水準よりも小さいか大きいか（有意差があるかないか）にしか使えず、実は情報量は少ないです。Recipe 3.2でも触れましたが、ベイズ解析で計算した事後分布からは「●が▲～■になる確率は★％」と計算でき、便利で情報量の多い結果が得られます。

実食

ベイズの「95%確信区間」は、普通の95%信頼区間と違ってわかりやすい解釈ができるんですね

 あなたに言い忘れてたのはコレよ。無情報事前分布を使った結果は、普通の要約統計量や信頼区間と結果がほぼ同じだから、無情報事前分布を使ってベイズ解析をするメリットはないように思うんだけど、95%信頼区間を、あたかもベイズの確信区間風に解釈している気分になれるわね

一種の背徳感が味わえますね……

 ベイズの「95%確信区間」である[38.134, 41.866]は、「1日のカルビの注文数の真の平均値は、95%の確率で38.134皿〜41.866皿の間にある」と解釈したわね。これは「1日のカルビの注文数が38.134皿〜41.866皿の間にある事後確率」を計算した結果、95%になったってことからも確認できるわ

```
> norm_p(mydata$shortrib, l=38.134, u=41.866)

  平均値   信頼下限   信頼上限    確率
 40.000   38.134   41.866   0.950
```

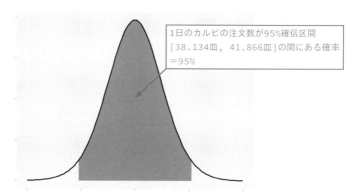

1日のカルビの注文数が95%確信区間
[38.134皿, 41.866皿]の間にある確率
＝95%

なるほど〜、ベイズ解析ってすごく便利なんですね！メチャメチャ勉強になりました

 事前分布・事前情報を設定しないといけないからアンチは多いけどね。さ、お話はこのくらいにして、この荷物を店の前の車に乗せてくれない？あと運転席に、このバスタオルをしいててちょうだいね

あ、はい。えらく大きな荷物ですね……。おかみさ〜ん、準備できましたよ

 はいはい、こちらも準備ができました。破水したようだから病院に行ってくるわ。明日からお休みするはずだったけど、予定変更ね。マスターに言っといてちょうだい。あとはよろしくね〜♪

えっ、え〜〜〜っ？！自分で運転しちゃアブナイですよっ！僕が運転しますっ！マスター……、こんなときに、どこ行ってんだ

=== まとめ ===

☑ 今回の連続データを使ったベイズ解析では、分布の「真ん中」は事後平均値で要約する

☑ ベイズ版の「95％確信区間（95％信用区間）」では「1日のカルビの注文数の真の平均値は、95％の確率で38.134皿〜41.866皿の間にある」と解釈できる

☑ ベイズ解析で計算した事後分布からは「●が▲〜■になる確率は★％」と計算できる

Part 4

室温が変わりすぎる

モデル解析

Part 4 introduction

室温を変えて大儲け？！

おかみさんが産休のため、お店はマスターと作太郎の二人っきり。急にマスターが「売り上げアップ大作戦」を思いついたようで、作太郎に妖しげな話をしています……。

昨日はどうなるかと思ったけど……、元気な双子の女の子が無事生まれてよかったなぁ。おかみさんも安産だったようだし。しかしマスターときたら、昨日も今日もお店を開けるなんて、何だかなぁ。昨日なんか「店、閉めてから顔出したらエエ話や」って涼しい顔して。ホントにマスター、昨日ちゃんとおかみさんのところに行ったのかなぁ……、あっ

よおっ！ 今日も元気で何よりやないか。1か月タダで働いてくれるとは、なかなかエエ心がけやないかいっ！

おかみさんと、しっかりお話されたご様子で……。あ、お疲れ様です。出産おめでとうございます

エライ情報が早いやないか。昨日の今日やのに、何で知ってんねん。さては、うちの嫁はんのストーカーやなぁ？

僕がおかみさんを病院まで送って行ったんじゃないですか……。運転が下手で「胎教に悪いわ」ってボヤいておられましたけど

それより今日は折り入って、お前に頼みたいことがあってやな

日	ドリンク（杯）	室温（℃）
1	90	24
2	109	26
3	99	23
4		

なんですか、これ？

 生ビール、レモンサワー、ハイボールにウーロン茶。ドリンク言うんは原価が安いから、肉に比べて儲けがデカいんや。うちはドリンク1杯で大体300円から350円ほど儲けが出るよって、お客さんにドリンクをぎょうさん飲んでもろたら、うちの店も潤うっちゅうわけや

は、はぁ

 ほんで、いろいろ調べてみたらやな、ドリンクの売り上げと気温ちゅうんは関係があるらしいな。夏の暑い日にビールをキューッと呑みたなるっちゅう、アレや

気温とお店の室温は関係がないんじゃ……、あっ！なるほど、うちの店はクーラーが故障してるから、日によってお店の室温が変動するんだ……。弱点をバネにするとは、今日のマスターは一味違う

 ちょっと最近、物入りでな。ボチボチ儲けを増やしてイカンとアカンようになったんや。わし、逆境に強いタイプやろ？こういう大変なときにこそ、店の室温とドリンクの注文数との素晴らしい関係を見つけてやな、売り上げアップにつなげたろと、こういうわけや

「どの店選ぶかはお客さんや」とか「小細工せんと安くて旨い肉を提供し続けたら自然とお客さんは来てくれはる」とか言ってたマスターが、ちゃんと利益のことを考え出した……。子供ができると変わるんだなぁ。11人目で気付くのは少し遅いけど

 ほんでや。前にお前、カルビのデータ取って儲けが増えたがな。わしもマネして「室温」と「ドリンクの注文数」のデータを取り始めたんや。とりあえず目標は2カ月、60日分のデータを集めようと思うてな

マスター！すごい前向きじゃないですかっ！何だか僕、嬉しいです

 そうかぁ♪ お前にそう言うてもらえると、わしも嬉しいわっ！4日目からのデータ集めを、安心してお前に任せられるっちゅうもんや

えっ?! マスターが60日分のデータを集めるんじゃないんですかっ?!

はぁ？ わしが3日もかけて、お前のために、ここまでハッキリした道筋付けたったんや。こんだけ、お膳立てしてもろといて、まだ何か文句あるんか？

3日って、典型的な三日坊主じゃないですか……

 はっは〜ん、お前、誤解しとるな。わし、お前に面倒なことを押し付けるんやないで。お前が立派なデータサイエンティストになるためにやな、お前の成長機会やと思て、泣く泣くお前にデータ集めを任せたろ、思ったわけや。心配すな、手柄はわし、ミスの責任はお前やっ

社会人になったら、こういう上司や先輩、いっぱいいるんだろうなぁ。あと「データサイエンティスト」なんて単語、どこで仕入れてきたんだろ……

 話は仕舞いや。ほな、今日からデータ集め頼むで。60日分なっ。ほなっ！

今から社会勉強をしている、と思うことにしよう……。まぁ、元気でカワイイ双子が誕生してくれたんで、マスターもおかみさんも何かと物入りだろうしなぁ。頑張ってデータ解析して、売り上げアップに貢献しよう。でも心配なのが、おかみさんがいないんだよなぁ……。一人でできるかなぁ

Recipe 4.1
レシピ

2つの連続データの関係を見たい

時間 10min ⏱

用途例 2つの連続データの散布図を作成したり、相関係数を計算して、関連の強さを調べる

☑ 2つの連続データの関連性を「散布図」で味わってみよう

☑ 2つの連続データの関連性を「相関係数」で味わってみよう

☑ 「散布図」と「相関係数」の見方や解釈における注意点を理解しよう

～材料～

　「お店の室温」と「ドリンクの注文数」のデータ60日分について、「散布図」を作成した後、「相関係数」を計算して、関連の強さを調べます。

　材料となるのは、調査1日目〜60日目における、それぞれの日（変数名：day）のドリンクの注文数（変数名：drink、単位は杯）とお店の室温（変数名：temp、単位は℃、1日の平均室温を計算）です。1行目に列名、2〜61行目にデータ、61行3列の形式です。

day	drink	temp
1	90	24
2	109	26
3	99	23
4	120	28
5	94	27
6	105	30
7	106	25
8	103	26
9	112	27
10	103	26
11	107	29
12	110	33
13	97	24
14	95	22
15	103	27
16	89	29
17	96	30
18	110	30
19	107	25
20	112	24

day	drink	temp
21	106	25
22	114	27
23	104	26
24	89	26
25	100	26
26	109	30
27	127	26
28	96	23
29	103	26
30	92	27
31	104	28
32	104	22
33	67	21
34	134	31
35	110	24
36	100	24
37	89	22
38	85	25
39	118	23
40	101	27

day	drink	temp
41	96	24
42	107	27
43	86	21
44	112	26
45	114	31
46	93	26
47	86	23
48	69	22
49	113	28
50	107	25
51	113	28
52	81	25
53	90	24
54	108	32
55	100	24
56	108	26
57	112	29
58	107	22
59	98	23
60	85	22

～準 備～
（下ごしらえ）

材料（データ）をRに読み込ませ、データフレーム「mydata8」を作成します。方法は2種類ありますので、お好きな方法で準備してください。

方法1 パッケージ「readxl」を呼び出し、Excelファイル「data.xlsx」を「C:¥temp」フォルダに格納した後、シート「Sheet41」から読み込み

```
> library(readxl)
> mydata8 <- read_excel("c:/temp/data.xlsx", sheet="Sheet41")
> head(mydata8)
```

CSVファイル「Sheet41.csv」を「C:¥temp」フォルダに格納した後、読み込み

```
> mydata8 <- read.csv("c:/temp/Sheet41.csv")
> head(mydata8)
```

　　方法1 と 方法2 のいずれかを実行すると、データが読み込まれ、左下「コンソール画面」にデータフレーム「mydata8」の1～6行目が表示されます。また、データフレーム「mydata8」の全体を閲覧する場合は、RStudioの右上「Environment」タブから「mydata8」をクリックします。左上の画面にデータフレーム「mydata8」が表示されます。これで準備は完了です。

```
    day  drink  temp
1    1     90    24
2    2    109    26
3    3     99    23
4    4    120    28
5    5     94    27
6    6    105    30
```

～～ 手順 ～～

手順
1
とりあえずデータフレーム「mydata8」をざっくり要約したい方は、以下を実行します。

```
> summary(mydata8)
```

手順
2
まず、パッケージ「ggplot2」を呼び出します。お店の室温（変数名：temp）を横軸、ドリンクの注文数（変数名：drink）を縦軸とした散布図を描くので、関数ggplot(データフレーム名, aes(x=temp, y=drink)) とし、関数geom_point() を加えて散布図が作成されます。

```
> library(ggplot2)
> ggplot(mydata8, aes(temp, drink)) +
+    geom_point()
```

手順
3

手順2 の散布図の見栄えを整えます。引数pchに0〜26の整数を指定することで点の種類（0：□、1：○、2：△、…、18は◆）、引数sizeに点の大きさ、引数colorに点の色を指定し、散布図を完成させます。

```
> ggplot(mydata8, aes(temp, drink)) +
+   geom_point(pch=18, size=5, color="black")
```

手順
4

お店の室温（変数名：temp）とドリンクの注文数（変数名：drink）との相関係数を計算する場合は、関数cor(1つ目の変数名、2つ目の変数名)を使用します。

```
> cor(mydata8$drink, mydata8$temp)
```

~∽ 完 成 ∽~

RStudioの左下「コンソール画面」にデータフレーム「mydata8」を要約した結果が表示されます。

```
> summary(mydata8)

      day            drink             temp
 Min.   : 1.00   Min.   : 67.00   Min.   :21.00
 1st Qu.:15.75   1st Qu.: 94.75   1st Qu.:24.00
 Median :30.50   Median :103.50   Median :26.00
 Mean   :30.50   Mean   :101.73   Mean   :25.87
 3rd Qu.:45.25   3rd Qu.:109.25   3rd Qu.:27.25
 Max.   :60.00   Max.   :134.00   Max.   :33.00
```

RStudioの右下の画面にグラフが表示されます。今回は 手順3 の散布図を示します。グラフは、お店の室温（変数名：temp）を横軸、ドリンクの注文数（変数名：drink）を縦軸としています。

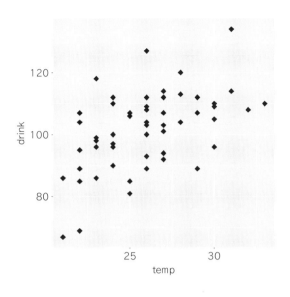

RStudioの左下「コンソール画面」に、お店の室温（変数名：temp）とドリンクの注文数（変数名：drink）との相関係数を計算した結果（ 手順4 ）である、相関係数≒0.52が表示されます。

```
> cor(mydata8$drink, mydata8$temp)
[1] 0.5196764
```

散布図と相関係数

散布図

　2つの連続データの関連を見る場合は、まず散布図を作成すると、2つのデータの関係がパッとわかるのでお勧めです。ただし、1つ注意点があります。散布図では「2つの連続データの関係」しか表示されていませんが、ひょっとすると散布図には表示されていない、隠れて悪さをする「第3の変数」がいるかもしれません。例えば次の図は「年収と脳トレの成績の関係」を表したものです。パッと見、「実は年収が高い

人の方が頭が悪いのでは？ 興味深いデータだ」と思ってしまうようなグラフですが、これは「年齢」が「第３の変数」で悪さをしています。「年齢が高いと年収も上がりがち」そして「年齢が高いと脳の機能が落ちてくる」ことから、本当は「年齢と脳トレの成績」に関係があるのに、見た目は「年収と脳トレの成績」に関係があるように見えてしまいます。これを「見せかけの相関」や「疑似相関」と言います。ご自身で散布図を作成され解釈を行う際には、このような「第３の変数」が隠れていないかを常に意識しておきましょう。

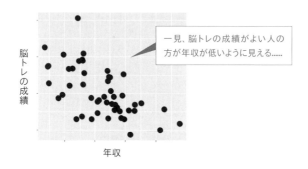

一見、脳トレの成績がよい人の方が年収が低いように見える……

脳トレの成績

年収

相関係数

散布図はわかりやすいグラフですが、これだけでは２つの連続データの関連の度合いがわかりにくいことがあります。そこで、散布図と合わせて、相関係数を計算することをお勧めします。相関係数は−１〜１までの値を取り、正の相関や負の相関があるかを判断することができます。右肩上がりの散布図なら「正の相関」、右肩下がりの散布図なら「負の相関」とざっくり理解できます。

- ✓ **正の相関**
  - ➡一方の変数の値が増加すると、もう一方の変数の値も直線的に増加する傾向
- ✓ **相関なし**
  - ➡一方の変数の値が増加しても、もう一方の変数の値に直線的な影響はない
- ✓ **負の相関**
  - ➡一方の変数の値が増加すると、もう一方の変数の値は直線的に減少する傾向

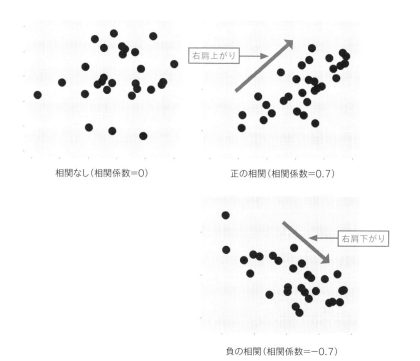

相関なし（相関係数＝0）　　　　　　　正の相関（相関係数＝0.7）

右肩上がり

負の相関（相関係数＝−0.7）

右肩下がり

　相関係数について、2つ注意点があります。まず、相関係数は「データ・散布図に直線的な関係があるかないか」を測るもので、曲線的な関係があった場合はよくない結果となる場合があります。左下の散布図は$y=2-(x-1)^2$という関係がありますが、相関係数は0になります。さらに、相関係数は平均値みたく「外れ値」の影響を受けやすいため、左下の散布図に点$(8,8)$を追加しただけで、相関係数は0.9まで跳ね上がります（右下図）。

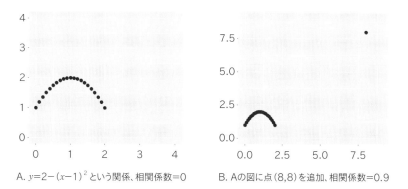

A. $y=2-(x-1)^2$という関係、相関係数=0　　　B. Aの図に点$(8,8)$を追加、相関係数=0.9

今までの相関係数は「ピアソン（Pearson）の相関係数」と呼ばれるものでした。一方で、相関係数を計算する前にデータを順位データに変換することで「外れ値」の影響を受けにくい相関係数が計算でき、これを「スピアマン（Spearman）の相関係数」と呼びます。Rでは関数cor()の引数にmethod="sp"を追加することでスピアマンの相関係数が計算できます。

相関係数で測れるもの、測れないもの

相関係数は「データ・散布図に直線的な関係があるかないか」を測るものです。言い換えると「直線の傾き」が大きいか小さいかは相関係数では判別できません。例えば以下の2図のいずれも相関係数は1ですが、左下の散布図は傾きが大きく、右下の散布図は傾きが小さいことがわかります。「相関係数が−1または1に近いから傾きは急だ」と誤解しないように注意しましょう。

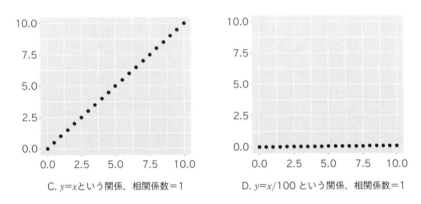

C. y=xという関係、相関係数＝1　　　　D. y=x/100 という関係、相関係数＝1

最後に、分野にもよりますが、相関係数を判断する目安を示しておきます。

相関なし	正の相関あり	強い正の相関
−0.3 ～ 0.3	0.3 ～ 0.7	0.7 ～ 1
	負の相関あり	強い負の相関
	−0.7 ～ −0.3	−1～ −0.7

実食

おかみさんがいなくても、僕だけで何とか解析できたぞっ！ 今回の「お店の室温とドリンクの注文数」の散布図から右肩上がりの関係があって、相関係数は 0.52、外れ値もなさそうだから、「お店の室温とドリンクの注文数との間には正の相関がある」と結論するわけだっ。あ、マスター！ かくかくしかじか……、ということで「お店の室温とドリンクの注文数との間には正の相関」がありました

　……

あれ、反応がない。あ、そうか、マスターに正の相関って言っても通じないか。え〜と、「お店の室温が上がると、ドリンクの注文数も増えていきました」、という意味です

　で？

「で？」って……、何ですか？ ちょっとお、少しは喜んでくださいよ。2カ月かけてデータを集めて、頑張ってデータ解析したんですから

ドアホッ！ こんなもんで喜べるかいっ！ データを集める前に、わし、言うてたよな？「ドリンクの売り上げと気温は関係ある」「夏の暑い日にビールが呑みたなる」っちゅうて。す・で・に

はい

この当たり前のことを、お前は2カ月かけて後追いしただけやないか

あ……、ホントですね……。しまったぁ

2カ月分のデータでや、店の室温とドリンクの注文数との関係を見つけてやな、室温をナンボにしたら売り上げがナンボ上がるかが知りたかったんや！ 室温を上げれば上げるほど、お客さんがドリンクをガンガン飲んでくれるんやったら、わし、夏でも店のストーブつける覚悟なんやでっ

ストーブはやり過ぎだと思いますが……、今の解析結果からは売り上げまではわからないですね

お前、いつもはエエもん出してくれとった気がしたけど、何や今回は調子悪いんか。タダ働きやからいうて手ぇ抜いたら、人間ダメになってまうで。寛大なわしは辛抱強いさかい、もうちょい待ったる。何としても売り上げをアップせなアカンねん、きばってやり直してこいっ（店の奥へ）

ど、どうしよう……。散布図や相関係数だけじゃ「室温を何度にしたら、どれだけ売り上げがアップするか」なんてわからないし、マスターの「もうちょい待ったる」は、せいぜい2〜3日だしなぁ、どうしたらいいんだろ、ブツブツ……

頼りないわねぇ……。オチオチ育児休暇も取ってられないわ

お、お、おかみさ〜んっ！

まとめ

- ☑ 2つの連続データの関係は「散布図」によりひと目でわかり、「外れ値」があるかどうかも判別できるが、「見せかけの相関（疑似相関）」に注意
- ☑ 2つの連続データの関連の度合いは「相関係数」で判断できるが、「相関係数」は「2つのデータに直線的な関係があるか」を判断するものであり、例えば曲線的な関係があるかどうかは判別できない
- ☑ 「相関係数」は「外れ値」の影響も受けやすいので注意が必要

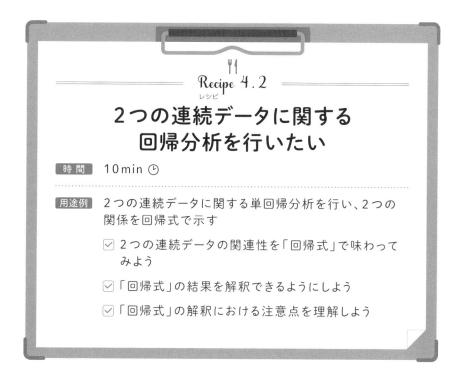

〜〜 材 料 〜〜

「お店の室温」と「ドリンクの注文数」のデータ60日分について、「単回帰分析」を行い、2つのデータの直線的な関係を「回帰式」で示した後、「お店の室温」から「ドリンクの注文数」の予測を行います。

Recipe 4.1と同じく、調査1日目〜60日目における、それぞれの日（変数名: day）のドリンクの注文数（変数名: drink、単位は杯）とお店の室温（変数名: temp、単位は℃、1日の平均室温を計算）のデータを使います（P.154参照）。

〜〜 準 備 〜〜
（下ごしらえ）

材料（データ）をRに読み込ませ、お好きな方法でデータフレーム「mydata8」を作成します。今回はRecipe 4.1の 方法2 を使用します。

```
> mydata8 <- read.csv("c:/temp/Sheet41.csv")
> head(mydata8)
```

　実行すると、データが読み込まれ、左下「コンソール画面」にデータフレーム「mydata8」の1～6行目が表示されます。また、データフレーム「mydata8」の全体を閲覧する場合は、RStudioの右上「Environment」タブから「mydata8」をクリックします。左上の画面にデータフレーム「mydata8」が表示されます。これで準備は完了です。

	day	drink	temp
1	1	90	24
2	2	109	26
3	3	99	23
4	4	120	28
5	5	94	27
6	6	105	30

～◆ 手 順 ◆～

手順1 関数lm(drink ~ temp, data=データフレーム名)で、ドリンクの注文数（変数名：drink）をお店の室温（変数名：temp）で説明するための単回帰分析を行い、回帰式を計算します。結果を変数resultに格納し、関数summary()を適用することで、結果の要約が表示されます。

```
> result <- lm(drink ~ temp, data=mydata8)
> summary(result)
```

手順2 Recipe 4.1 [手順3] では、お店の室温（変数名：temp）を横軸、ドリンクの注文数（変数名：drink）を縦軸とした散布図を描きましたが、関数stat_smooth ()を使用することで、[手順1] の単回帰分析で計算した回帰式を散布図に上書きすることができます。引数colorに線の色、引数lwdに線の色を指定し、散布図への追記を完成させます。

```
> library(ggplot2)
> ggplot(mydata8, aes(temp, drink)) +
+     geom_point(pch=1, size=4) +
+     stat_smooth(method=lm, se=FALSE, color="black", lwd=2)
```

手順3　手順1の単回帰分析結果の変数resultに関数predict()を適用することで「お店の室温が●℃のときの、ドリンクの注文数」を予測することができます。以下では、お店の室温が20℃、25℃、30℃、35℃のときの、ドリンクの注文数を予測しています。

```
> new <- data.frame(temp=c(20,25,30,35))
> predict(result, new)
```

～∽完 成∽～

RStudioの左下「コンソール画面」に単回帰分析の結果が表示されます。
主に網掛け部分の結果を解釈します。

```
Call:
lm(formula = drink ~ temp, data = mydata8)

Residuals:
     Min       1Q   Median       3Q      Max
-24.1001  -7.4620   0.8871   6.5035  24.9690

Coefficients:
            Estimate Std. Error t value Pr(>|t|)
(Intercept)   43.980     12.541   3.507 0.000883 ***
temp           2.233      0.482   4.632 2.09e-05 ***
---
Signif. codes:  0 '***' 0.001 '**' 0.01 '*' 0.05 '.'
0.1 ' ' 1

Residual standard error: 10.53 on 58 degrees of freedom
Multiple R-squared:  0.2701,   Adjusted R-squared:
0.2575
F-statistic: 21.46 on 1 and 58 DF,  p-value: 2.09e-05
```

RStudioの右下の画面に 手順2 で作成したグラフが表示されます。

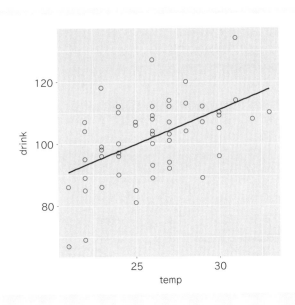

RStudioの左下「コンソール画面」に、ドリンクの注文数の予測結果が表示されます。

```
> new <- data.frame(temp=c(20,25,30,35))
> predict(result, new)
          1         2          3          4
 88.63461  99.79829 110.96198 122.12566
```

単回帰分析の概要と解析

単回帰分析の実施
　単回帰分析は、以下の回帰式（2つの連続データの関係に関する式）を求めることを目的としています。ドリンクの注文数をy、お店の室温をxのように書き換えると、回帰式は$y=a+bx$と表せ、直線になることがイメージできます。

$$ドリンクの注文数 ＝ 切片 ＋ 傾き \times [お店の室温]$$

Rの関数lm()を使うと、簡単に単回帰分析ができます。lm(左辺の変数 ～ 右辺の変数, data=データフレーム名)と指定する形式で(右辺の「切片」は自動的に含まれます)、今回はlm(drink ～ temp, data=データフレーム名)として、ドリンクの注文数(変数名：drink)について、お店の室温(変数名：temp)の単回帰分析ができます。

　さて、いろいろな結果が表示されるため、はじめて見ると途方に暮れます。最初のうちは、とりあえず「Coefficients:」の結果の「Estimate」を見ましょう。

```
Coefficients:
            Estimate Std. Error t value Pr(>|t|)
(Intercept)   43.980     12.541   3.507 0.000883 ***
temp           2.233      0.482   4.632 2.09e-05 ***
---
Signif. codes:  0 '***' 0.001 '**' 0.01 '*' 0.05 '.' 0.1 ' ' 1
```

　「(Intercept)」が切片で、「temp」がお店の室温の傾きですので、回帰式は以下のようになります。グラフはお店の室温(変数名：temp)を横軸、ドリンクの注文数(変数名：drink)を縦軸としています。

$$ドリンクの注文数 = 43.980 + 2.233 \times [お店の室温]$$

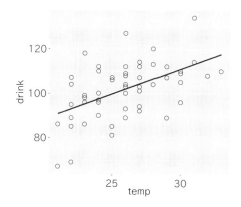

回帰式の解釈

　回帰式が求まると、いろいろな計算ができるようになります。まず、お店の室温が30℃のときは、ドリンクの注文数はだいたい111杯となります。

$$ドリンクの注文数 = 43.980 + 2.233 × [お店の室温：30℃]$$
$$= 110.97 ≒ 111 杯$$

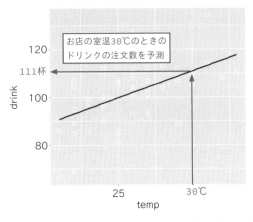

上記のように、回帰式から手計算でも「お店の室温が ● ℃のときのドリンクの注文数」を予測することができますが、計算はRの関数predict()に任せるのが楽です。例えば、お店の室温が20℃、25℃、30℃、35℃のときの、ドリンクの注文数を一度に予測することができます。

```
> new <- data.frame(temp=c(20,25,30,35))
> predict(result, new)
        1         2          3          4
 88.63461  99.79829  110.96198  122.12566
```

お店の室温	20℃	25℃	30℃	35℃
ドリンクの注文数	88.63杯	99.80杯	110.96杯	122.13杯

次に、「お店の室温の傾きが2.233」なので、例えば、「お店の室温が1℃上がったら、ドリンクの注文数は2.2杯増える」や「お店の室温が5℃上がったら、ドリンクの注文数は11杯増える」などがわかります。

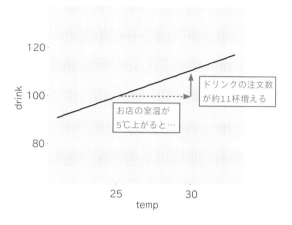

　さらに、回帰式の面白い特徴として、「お店の室温の平均値（25.87℃）」でドリンクの注文数を予測すると、「ドリンクの注文数の平均値＝101.7杯」も得ることができます。

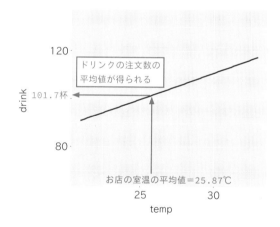

単回帰分析における検定

　単回帰分析の「Coefficients:」の結果を改めて確認すると、「Pr(>|t|)」という列があります。この値（p値）は、「(Intercept)：切片」や「temp：お店の室温の傾き」に関する推定値が0かどうかを検定した結果です（帰無仮説：傾きは0である）。「temp：お店の室温の傾き」であれば、2.233という推定値が0かどうかを検定しており、結果はp値がとても小さい（0.001未満）ことから、有意差ありとなります。

```
Coefficients:
              Estimate Std. Error t value Pr(>|t|)
(Intercept)    43.980     12.541    3.507 0.000883 ***
temp            2.233      0.482    4.632 2.09e-05 ***
---
Signif. codes:  0 '***' 0.001 '**' 0.01 '*' 0.05 '.' 0.1 ' ' 1
```

***	:	p値が 0.001 未満
**	:	p値が 0.001〜 0.01
*	:	p値が 0.01 〜 0.05
.	:	p値が 0.05 〜 0.1
無印:		p値が 0.1 以上

　有意差があると何かいいことがあるのでしょうか？ ここで「お店の室温の傾き」が0である場合を考えてみましょう。傾きが0では、回帰式が「ドリンクの注文数 ＝ 43.980」になり、「お店の室温」が回帰式から消えてしまいます。

$$ドリンクの注文数 ＝ 43.980 ＋ 0 ×[お店の室温] ＝ 43.980$$

　グラフにすると以下のようになります。つまり、「お店の室温の傾き」が0ということとは、お店の室温が20℃でも25℃でも、30℃でも35℃でも、ドリンクの注文数は同じ43.980杯となります。言い換えると、ドリンクの注文数を予測するときにお店の室温の情報は意味がないことになります。

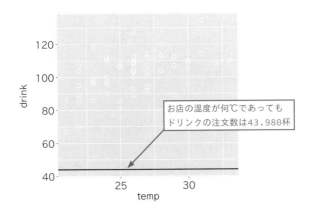

お店の温度が何℃であっても
ドリンクの注文数は43.980杯

　先ほどの「お店の室温の傾き：2.233が0かどうかの検定」が有意差ありというのは、「お店の室温でドリンクの注文数が予測できる、お店の室温には意味がある」となるので、有用な結果と言えるでしょう。

　しかし、切片やお店の室温の傾きに関して、検定結果がもし仮に有意差なしの場合、「傾きが0でないとは言えない」ので、「有意差なし＝傾きが0＝お店の室温の情報はいらない」とは言えないことは、Recipe 2.3で学びました。ただ、実務的には「(Intercept)：切片」や「temp：お店の室温の傾き」に関する推定値が0かどう

かの検定を行い、p値が大きくなって有意差なしとなった場合に「お店の室温」を回帰式から除く処理がたまに行われます。「検定結果が有意差なしでも0でないとは言えない」ので検定結果のみで「お店の室温」を回帰式から除くかどうかを判断するのはよくありません。Recipe 4.1で紹介した散布図や相関係数、「お店の室温の傾き」の推定値の大きさ（傾きが小さいかどうか、売り上げへの影響はあるか）も確認し、「お店の室温はドリンクの注文数に影響を与えるかどうか」について深い考察を行った上で、「お店の室温」を回帰式から除くかどうかを判断するのがよいでしょう。

実 食

だんだん単回帰分析の理屈がわかってきました。お店の室温を5℃上げるとドリンクの注文が11杯増えるんですね！うちはドリンク1杯で300〜350円くらいの儲けがあるので、11杯増えると4,000円弱の売り上げアップです♪

そんなにうまくいくかしら……。それはさておき、いくつか注意点を挙げておくわね。まず、回帰式は見ての通り「お店の室温とドリンクの注文数との直線的な関係」を表したものだから、相関係数と同じく、曲線的な関係は表現できないわ。あと、うちの人は「室温を上げれば上げるほどお客さんがドリンクを飲んでくれるなら、夏でもストーブをつける」って言ってたけど、ホントにストーブをつけて室温を40℃にしたら、ドリンクの注文数は増えるかしら？

え〜と、店が暑すぎてお客さん、ドリンクを注文する前に帰っちゃいそうですね

Recipe 4.1でお店の室温とドリンクの注文数の要約統計量を計算したし、散布図からもわかるけど、データの範囲は「お店の室温℃：21〜33℃」「ドリンクの注文数：67杯〜134杯」よね。回帰分析は、あくまで「この範囲の中のデータでは、ドリンクの注文数＝43.980＋2.233×お店の室温、という関係があったが、この範囲の外のことはわからない」わけ

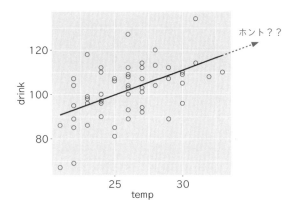

「ドリンクの注文数＝43.980＋2.233×お店の室温」という回帰式だけ見ると、どんなときでも式が成り立っているように見えますけど、あくまで回帰式を求めたデータの範囲内での話、ってことなんですね

こんな誤解を招くのが、回帰式の怖いところね。実際には、回帰式やモデル式を使って、データの範囲の外のことまで予測することがあって、これを「外挿」と言うわ。「外挿」をするときは「本当に室温を40℃にしたらドリンクの注文数は増える？」みたいな注意をする必要があるわね。さて、乗り掛かった舟だから、次は「単回帰分析」の「単」を取って、「回帰分析」もやってみましょうか

「単回帰分析」の「単」を取ると、どうなるんですか？

「単」は1つってことだから、「単回帰分析」では「ドリンクの注文数」を「お店の室温」という1つの変数だけで説明しようとしたわね。「回帰分析」は、1つの変数でも、2つ以上の変数でも説明できる手法なの。特に、2つ以上の変数で説明する場合は「重回帰分析」と呼んだりもするわ

な、なんだか難しそうですね……

大丈夫よ。Rの関数lm()を使ったら、「単回帰分析」でも「回帰分析」でも同じように解析してくれるわ。回帰分析でドリンクの注文数を増やそうとすることにはあまり賛成じゃないけど、回帰分析自体は勉強しておくといいわ

あと、僕、そんなにたくさんデータを集めてないんですけど……

これでどうかしら？

日	ドリンクの注文数 （杯）	お店の室温 （℃）	繁忙日？ （金土日祝？）	天気
1	90	24	はい	晴
2	109	26	はい	晴
3	120	28	はい	雨
4	94	27	いいえ	晴
:	:	:	:	:

 い、いつの間にっ?! おかみさん、育児休暇と言いながら、こっそりデータ収集を手伝ってくれていたんですか？

 さすがの私でも、出産後にそんな暇はないわ。あなたが集めたデータに日付があったから「繁忙日（金土日祝）」かどうかはすぐにわかるし、気象庁のホームページに「過去の気象データ」があるから、日付から簡単に天気がわかるわ

 す、すごい……。何でそんなことまで知ってるんですか

 だてに子供を11人育てていないわ。絵日記を夏休みの最終日に毎年手伝わされていたら、自然と身につく知識よ

 母は強し。恐れ入りました……

=== まとめ ===

☑ 単回帰分析を行うことで、「ドリンクの注文数＝切片＋傾き×お店の室温」のような、2つの連続データの関係を「回帰式」という直線関係で表現できる

☑ 「回帰式」より「お店の室温が●℃のときの、ドリンクの注文数」が予測できる

☑ 「回帰式」を使って、データの範囲外のことを「外挿」するときは注意が必要

「1つの連続データ」と「複数のデータ」に関する回帰分析を行いたい

時間 15min ⏱

用途例 「1つの連続データ」と「複数のデータ」に関する回帰分析（重回帰分析）を行う

☑ 「回帰分析」でカテゴリ変数がどう処理されるか理解しよう

☑ 「回帰分析」から得られた「回帰式」の結果を味わってみよう

☑ 「回帰式」の解釈における注意点を理解しよう

～◇ 材料 ◇～

　「お店の室温」「繁忙日かどうか」「天気」に関する3つのデータと、「ドリンクの注文数」のデータ60日分について、「回帰分析（重回帰分析）」を行い、これらのデータの関係を「回帰式」で示した後、「お店の室温」「繁忙日かどうか」「天気」から「ドリンクの注文数」の予測を行います。

　今回の材料は、調査1日目～60日目における、それぞれの日（変数名：day）のドリンクの注文数（変数名：drink、単位は杯）、お店の室温（変数名：temp、単位は℃、1日の平均室温を計算）、繁忙日かどうか（変数名：busyday、1→繁忙日〔金土日祝〕、0→通常日〔月火水木〕）、天気（変数名：weather、1→晴、2→曇、3→雨）です。1行目に列名、2～61行目にデータ、61行5列の形式です。

day	drink	temp	busyday	weather	day	drink	temp	busyday	weather
1	90	24	1	1	31	104	22	1	1
2	109	26	1	1	32	104	28	0	2
3	120	28	1	3	33	67	21	0	3
4	94	27	0	1	34	81	25	0	1
5	105	30	0	3	35	110	24	0	3
6	107	29	0	2	36	100	24	1	1
7	99	23	0	3	37	101	27	1	2
8	106	25	1	1	38	96	24	1	2
9	103	26	1	1	39	86	21	0	3
10	112	27	1	3	40	89	22	0	2
11	103	26	1	2	41	85	25	0	2
12	89	29	0	3	42	118	23	0	1
13	97	24	0	2	43	107	27	1	1
14	95	22	0	3	44	112	26	1	2
15	110	33	1	1	45	114	31	1	3
16	103	27	1	1	46	93	26	0	2
17	96	30	1	1	47	86	23	0	1
18	104	26	0	1	48	69	22	0	2
19	107	25	0	3	49	113	28	0	1
20	112	24	0	1	50	107	25	1	2
21	106	25	0	2	51	113	28	1	2
22	110	30	1	2	52	112	29	1	3
23	114	27	1	2	53	90	24	0	2
24	109	30	1	2	54	108	32	0	3
25	100	26	0	3	55	100	24	0	2
26	89	26	0	1	56	108	26	0	1
27	96	23	0	1	57	85	22	1	3
28	103	26	0	1	58	107	22	1	1
29	127	26	1	2	59	98	23	0	1
30	92	27	1	3	60	134	31	1	1

準 備
（下ごしらえ）

材料（データ）をRに読み込ませ、データフレーム「mydata9」を作成します。方法は2種類ありますので、お好きな方法で準備してください。

方法1　パッケージ「readxl」を呼び出し、Excelファイル「data.xlsx」を「C:¥temp」フォルダに格納した後、シート「Sheet42」から読み込み

```
> library(readxl)
> mydata9 <- read_excel("c:/temp/data.xlsx", sheet="Sheet42")
```

方法2　CSVファイル「Sheet42.csv」を「C:¥temp」フォルダに格納した後、読み込み

```
> mydata9 <- read.csv("c:/temp/Sheet42.csv")
```

方法1 と **方法2** のいずれかを実行した後、関数factor()を用いて、カテゴリデータである「繁忙日かどうか（変数名：busyday、1→繁忙日〔金土日祝〕、0→通常日〔月火水木〕）」と「天気（変数名：weather、1→晴、2→曇、3→雨）」を因子型データに変換します。

```
> mydata9$busyday <- factor(mydata9$busyday)
> mydata9$weather <- factor(mydata9$weather)
> head(mydata9)
```

上記を実行すると、データが読み込まれ、左下「コンソール画面」にデータフレーム「mydata9」の1〜6行目が表示されます。また、データフレーム「mydata9」の全体を閲覧する場合は、RStudioの右上「Environment」タブから「mydata9」をクリックします。左上の画面にデータフレーム「mydata9」が表示されます。これで準備は完了です。

	day	drink	temp	busyday	weather
1	1	90	24	1	1
2	2	109	26	1	1
3	3	120	28	1	3
4	4	94	27	0	1
5	5	105	30	0	3
6	6	107	29	0	2

◇◇◇ 手 順 ◇◇◇

手順1　とりあえずデータフレーム「mydata9」をざっくり要約したい方は、以下を実行します。

```
> summary(mydata9)
```

手順2　「お店の室温（変数名：temp）」と「ドリンクの注文数（変数名：drink）」との関係は、Recipe 4.1～4.2で詳しく見ました。今回は、その他の変数と「ドリンクの注文数（変数名：drink）」との関係をチェックするため、部分集団解析を行います。

まず「繁忙日（変数busyday＝1）でのドリンクの注文数／通常日（変数busyday＝0）のドリンクの注文数」を計算するため、関数aggregate(解析する変数名, list(グループを表す変数名), 適用する関数)を使用します。

```
> aggregate(mydata9$drink, list(mydata9$busyday), summary)
```

同じく、「晴（変数weather＝1）でのドリンクの注文数／曇（変数weather＝2）でのドリンクの注文数／雨（変数weather＝3）でのドリンクの注文数」を計算します。

```
> aggregate(mydata9$drink, list(mydata9$weather), summary)
```

手順3　Recipe 4.2 手順1 で、ドリンクの注文数（変数名：drink）をお店の室温（変数名：temp）にて説明するための単回帰分析を行いましたが、同じように関数lm(drink ~ temp + busyday + weather, data=データフレーム名)と、下線部に変数を追加することで、ドリンクの注文数（変数名：

drink）を複数の変数で説明するための回帰分析が実行でき、回帰式を計算することができます。結果を変数resultに格納し、関数summary()を適用することで、結果の要約が表示されます。

```
> result <- lm(drink ~ temp + busyday + weather, data=mydata9)
> summary(result)
```

手順 4	パッケージ「car」を呼び出します。 手順3 の回帰分析結果の変数resultに、関数Anova()を適用することで、「お店の室温」「繁忙日（金土日祝）かどうか」「天気」の各変数が、「ドリンクの注文数」を説明するために意味がある変数となっているかに関する検定（帰無仮説：意味がない）を行います。

```
> library(car)
> Anova(result, Type="II")
```

∽ 完成 ∽

RStudioの左下「コンソール画面」にデータフレーム「mydata9」を要約した 手順1 の結果、部分集団解析を実行した 手順2 の結果が表示されます。

```
      day           drink           temp        busyday weather
 Min.   : 1.00   Min.   : 67.00   Min.   :21.00   0:32    1:24
 1st Qu.:15.75   1st Qu.: 94.75   1st Qu.:24.00   1:28    2:20
 Median :30.50   Median :103.50   Median :26.00           3:16
 Mean   :30.50   Mean   :101.73   Mean   :25.87
 3rd Qu.:45.25   3rd Qu.:109.25   3rd Qu.:27.25
 Max.   :60.00   Max.   :134.00   Max.   :33.00

> aggregate(mydata9$drink, list(mydata9$busyday), summary)  # 変数busydayごとのドリンクの注文数
  Group.1  x.Min. x.1st Qu. x.Median  x.Mean x.3rd Qu.  x.Max.
1       0  67.000    89.000   98.500  97.125   106.250 118.000 # 繁忙日
2       1  85.000   102.500  107.000 107.000   112.000 134.000 # 通常日

> aggregate(mydata9$drink, list(mydata9$weather),
+           summary)  # 変数weatherごとのドリンクの注文数
  Group.1  x.Min. x.1st Qu. x.Median   x.Mean x.3rd Qu.   x.Max.
```

```
1     1 81.0000   96.0000 103.5000 102.9583  108.2500 134.0000 # 晴
2     2 69.0000   95.2500 103.5000 101.6000  109.2500 127.0000 # 曇
3     3 67.0000   91.2500 102.5000 100.0625  110.5000 120.0000 # 雨
```

RStudioの左下「コンソール画面」に回帰分析の結果が表示されます。主
に網掛け部分の結果を解釈します。

```
Call:
lm(formula = drink ~ temp + busyday + weather, data = ↵
mydata9)

Residuals:
    Min      1Q  Median      3Q     Max
-21.961  -5.601   1.302   5.455  23.406

Coefficients:
            Estimate Std. Error t value Pr(>|t|)
(Intercept)  50.6975    12.4958   4.057 0.000158 ***
temp          1.9085     0.4934   3.868 0.000293 ***
busyday1      6.3908     2.8021   2.281 0.026464 *
weather2     -1.7241     3.0972  -0.557 0.580007
weather3     -2.7729     3.3290  -0.833 0.408464
---
Signif. codes:  0 '***' 0.001 '**' 0.01 '*' 0.05 '.' ↵
0.1 ' ' 1

Residual standard error: 10.22 on 55 degrees of freedom
Multiple R-squared:  0.3468,   Adjusted R-squared: ↵
0.2993
F-statistic: 7.302 on 4 and 55 DF,  p-value: 8.625e-05
```

RStudioの左下「コンソール画面」に分散分析の結果、すなわち「お店の
室温」「繁忙日（金土日祝）かどうか」「天気」の各変数が、「ドリンクの注
文数」を説明するために意味があるかどうかの検定結果が表示されます。

```
Anova Table (Type II tests)
Response: drink
          Sum Sq Df F value    Pr(>F)
temp      1564.2  1 14.9612 0.0002928 ***
busyday    543.8  1  5.2016 0.0264635 *
weather     77.8  2  0.3720 0.6911008
Residuals 5750.2 55
---
Signif. codes:  0 '***' 0.001 '**' 0.01 '*' 0.05 '.' ↵
0.1 ' ' 1
```

｛ 回帰分析でのカテゴリ変数の扱い、回帰分析の概要と解釈 ｝

回帰分析時のカテゴリ変数の変換

　カテゴリ変数とは、Recipe 2.1「データの種類」で出てきた「カテゴリデータ（計数値）」に関する変数です。回帰分析を行う際、カテゴリ変数は、データの値がそのまま使用されず、Rの内部で自動的に変換されます。しかも、場合によっては変数の数も増えます。今回は、繁忙日かどうか（変数名：busyday、1→繁忙日〔金土日祝〕、0→通常日〔月火水木〕）、天気（変数名：weather、1→晴、2→曇、3→雨）の2つがカテゴリ変数となっていますが、Rでは次のように変換されます。

　変数busydayは、変数busyday1になり中身は変わっていません。変数weatherは、変数weather2と変数weather3になって、中身が0と1に変わりました。この変換は、回帰分析でカテゴリ変数を使用するときに、「カテゴリ変数を0

と1の2値データ」にすると都合がよいため、Rではカテゴリ変数を自動で2値データに変換する仕組みになっています。変数busydayのように元々データの種類が2つしかない場合は、中身が0と1に変わるだけです（今回はたまたま同じになりました）。変数weatherのようにデータの種類が3つ以上の場合は、「変数weather2と変数weather3」のように、1つのカテゴリ変数から複数の2値データが生成されます。ただし、以下のようにすれば「晴か曇か雨か」は判別できるため、本質的には問題は生じません。

✓ 変数weather＝1（晴）➡ 変数weather2＝0、変数weather3＝0
✓ 変数weather＝2（曇）➡ 変数weather2＝1、変数weather3＝0
✓ 変数weather＝3（雨）➡ 変数weather2＝0、変数weather3＝1

つまり、「変数weather2は曇かどうかを表す変数」「変数weather3は雨かどうかを表す変数」です。晴のときは「変数weather2も変数weather3も0」になるので、「晴かどうかを表す変数」は不要になります。

カテゴリ変数の基準となる値

変数busydayの「通常日（月火水木）」のカテゴリや、変数weatherの「晴」のカテゴリは、それぞれの変数の「基準・ベース」と設定されるため、「通常日（月火水木）」「晴」自体を表す変数は作成されません。この「基準・ベース」となるカテゴリは、因子型データの「第1カテゴリ（最初のカテゴリ）」が自動的に選択されます。これは関数levels() でも確認することができます。

```
> levels(mydata9$busyday) # 第1カテゴリは"0"（通常日：月火水木）
[1] "0" "1"
> levels(mydata9$weather) # 第1カテゴリは"1"（晴）
[1] "1" "2" "3"
```

回帰分析の実施

カテゴリ変数の変換方法を踏まえると、今回計算する回帰式は以下となります。

$$\text{ドリンクの注文数} = \text{切片} + \text{傾き} \times [\text{お店の室温}] + \text{傾き} \times [\text{繁忙日かどうか}]$$
$$+ \text{傾き} \times [\text{曇かどうか}] + \text{傾き} \times [\text{雨かどうか}]$$

繁忙日かどうか	繁忙日（金土日月）ならば1、通常日（月火水木）ならば0
曇かどうか	曇ならば1、曇以外は0
雨かどうか	雨ならば1、雨以外は0

　Rの関数lm()で簡単に回帰分析ができます。lm(左辺の変数 ～ 右辺の変数, data=データフレーム名)と指定する形式（右辺の「切片」は自動的に含まれます）で、今回はlm(drink ～ temp + busyday + weather, data=データフレーム名)として、ドリンクの注文数（変数名：drink）を複数の変数で説明するための回帰分析ができます。いろいろな結果が表示されますが、とりあえず「Coefficients:」の結果の「Estimate」を見ましょう。

```
Coefficients:
            Estimate Std. Error t value Pr(>|t|)
(Intercept)  50.6975    12.4958   4.057 0.000158 ***
temp          1.9085     0.4934   3.868 0.000293 ***
busyday1      6.3908     2.8021   2.281 0.026464 *
weather2     -1.7241     3.0972  -0.557 0.580007
weather3     -2.7729     3.3290  -0.833 0.408464
---
Signif. codes:  0 '***' 0.001 '**' 0.01 '*' 0.05 '.' 0.1 ' ' 1
```

　上記結果から、目的の回帰式が求まりました。

$$ドリンクの注文数 = 50.6975 + 1.9085 \times [お店の室温] + 6.3908$$
$$\times [繁忙日かどうか] - 1.7241 \times [曇かどうか]$$
$$- 2.7729 \times [雨かどうか]$$

繁忙日かどうか	繁忙日（金土日月）ならば1、通常日（月火水木）ならば0
曇かどうか	曇ならば1、曇以外は0
雨かどうか	雨ならば1、雨以外は0

　例えば、「お店の室温は30℃」「繁忙日」「雨」のときのドリンクの注文数は、以下のように計算されます。「繁忙日かどうか」の変数のように、2値データは0と1なので、「通常日（0）のときに比べて、繁忙日（1）の場合はドリンクの注文数がいくら増えるか」は、傾き（6.3908）を見ればすぐにわかります。

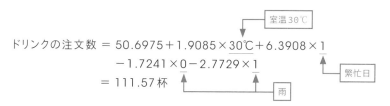

$$\text{ドリンクの注文数} = 50.6975 + 1.9085 \times 30°\text{C} + 6.3908 \times 1$$
$$- 1.7241 \times 0 - 2.7729 \times 1$$
$$= 111.57 \text{杯}$$

　上記のような計算は、Rの関数predict()に任せるのが簡単です。カテゴリ変数は関数factor()を適用するのを忘れず、以下のように計算できます。

```
> new <- data.frame(temp=30, busyday=factor(1), weather=factor(3))
> predict(result, new)
       1
111.5716
```

　他にも、「お店の室温が1℃上がったら、ドリンクの注文数は1.9杯増える」「繁忙日は通常の日に比べて、ドリンクの注文数は6.4杯増える」「曇りや雨の日は、晴れの日に比べてそれぞれ1.7杯、2.7杯だけ減る」など、さまざまな計算ができます。

単回帰分析 vs. 回帰分析

　Recipe 4.2で計算した単回帰分析では、「お店の室温が1℃上がったら、ドリンクの注文数は2.2杯増え」ました。対して今回の計算では「お店の室温が1℃上がったら、ドリンクの注文数は1.9杯増え」るとなり、少し結果が変化しています。また、「お店の室温の傾き」も2.233から1.9085に変化しています。

　単回帰分析は「お店の室温のみでドリンクの注文数を説明」しようとしましたが、今回の回帰分析は「お店の室温、繁忙日かどうか、天気の3つでドリンクの注文数を説明」しており、「お店の室温、繁忙日かどうか、天気」の間の関連性も踏まえて結果を計算しているため、単回帰分析に比べて一般的に結果の当てはまりがよいとされます。この、「お店の室温、繁忙日かどうか、天気の間の関連性も踏まえて結果を計算」していることが、単回帰分析との結果の違いとも言えます。ただし、今回は「単回帰分析：2.2杯」「回帰分析：1.9杯」と、約0.3杯の違いですので、ほぼ変わりなしと考えてよさそうです。

回帰分析における検定

　単回帰分析のときと同様、「Coefficients:」の結果に「Pr(>|t|)」という列があります（p値）。この回帰分析の検定結果から、「お店の室温」や「繁忙日かどうか」

は傾きが0でない、つまりドリンクの注文数に影響することがわかります。「天気」に関する検定結果は有意差なしで、傾きが0でないとは言えないという微妙な結果となりましたが、傾きの大きさから判断することでドリンクの注文数にあまり影響がないかもしれません。例えば、焼肉屋「きょうちゃん」は最寄りの駅から徒歩30分はかかるため、お客さんは車やバス、タクシーで来られる、だから「天気」はあまり影響なさそうだ、という考察はできそうです。

```
Coefficients:
            Estimate Std. Error t value Pr(>|t|)
(Intercept)  50.6975    12.4958   4.057 0.000158 ***
temp          1.9085     0.4934   3.868 0.000293 ***
busyday1      6.3908     2.8021   2.281 0.026464 *
weather2     -1.7241     3.0972  -0.557 0.580007
weather3     -2.7729     3.3290  -0.833 0.408464
---
Signif. codes:  0 '***' 0.001 '**' 0.01 '*' 0.05 '.' 0.1 ' ' 1
```

有意差あり（temp, busyday1）
有意差なし（weather2, weather3）

分散分析における検定

　3種類以上のカテゴリがあるカテゴリ変数は、変数weatherのように、回帰分析のときに変数が分かれてしまいます。今回はたまたま結果が同じでしたが、「変数weather2の検定結果は有意差あり」「変数weather3の検定結果は有意差なし」と、有意差の有無がばらつくこともあり得ます。その際は、関数Anova()で分散分析を行い「元の変数について、変数ごとに『ドリンクの注文数』に影響があるか」を検討する方法もあります。

```
Anova Table (Type II tests)
Response: drink
          Sum Sq Df F value    Pr(>F)
temp      1564.2  1 14.9612 0.0002928 ***
busyday    543.8  1  5.2016 0.0264635 *
weather     77.8  2  0.3720 0.6911008
Residuals 5750.2 55
---
Signif. codes:  0 '***' 0.001 '**' 0.01 '*' 0.05 '.' 0.1 ' ' 1
```

部分集団解析で追加検討

　回帰分析や分散分析での検定の結果、有意差なしの場合は「検定結果が有意差なしでも0でないとは言えない」ため、検定結果だけで「●●はドリンクの注文数に影響する」「▼▼は影響なさそう」と考察するのは少し気が引けます。原因まで含めて詳しく見る場合は「部分集団解析」、つまりカテゴリごとに要約統計量や分布を確認するのが有用です。

　部分集団解析では、「カテゴリごとに要約統計量や分布を見る」ことを行います。まず、関数aggregate()で、カテゴリごとに「ドリンクの注文数」に関する要約統計量の計算ができます。

```
> # 変数busydayごとのドリンクの注文数
> aggregate(mydata9$drink, list(mydata9$busyday), summary)
  Group.1  x.Min. x.1st Qu. x.Median  x.Mean x.3rd Qu.  x.Max.
1       0  67.000    89.000   98.500  97.125   106.250 118.000 # 繁忙日
2       1  85.000   102.500  107.000 107.000   112.000 134.000 # 通常日

> # 変数weatherごとのドリンクの注文数
> aggregate(mydata9$drink, list(mydata9$weather), summary)
  Group.1   x.Min. x.1st Qu. x.Median   x.Mean x.3rd Qu.   x.Max.
1       1  81.0000   96.0000 103.5000 102.9583  108.2500 134.0000  # 晴
2       2  69.0000   95.2500 103.5000 101.6000  109.2500 127.0000  # 曇
3       3  67.0000   91.2500 102.5000 100.0625  110.5000 120.0000  # 雨
```

　繁忙日（金土日祝）と通常日（月火水木）では、ドリンクの注文数の平均値がかなり変化します。一方、天気が違ってもドリンクの注文数の平均値はあまり変わらず、「繁忙日かどうかはドリンクの注文数に影響する」「天気はあまり影響なさそう」という検定結果と合っています。

	繁忙日かどうか		天気		
	繁忙日（1）	通常日（0）	晴（1）	曇（2）	雨（3）
ドリンクの注文数の平均値	97.1杯	107.0杯	103.0杯	101.6杯	100.1杯

　もちろん、グラフで分布を見ることも有用です。カテゴリ間（例えば繁忙日 vs. 通常日）で平均値等の真ん中の指標がズレていたり、密度曲線の分布がズレていればいるほど、ドリンクの注文数に影響することとなります。このように、検定結果だけでは「有意差なし」のときの判断が微妙になりますが、「部分集団解析」にて要約

統計量算出やグラフ作成を行い、カテゴリ間のドリンクの注文数の意味を踏まえて解釈すると、「繁忙日かどうか」「天気」がドリンクの注文数に影響するかどうか（変数選択）に関する深い考察ができ、「天気」を回帰式から除く判断材料ができるでしょう。本書の範囲を超えますのでここでは扱いませんが、変数選択に関する他の方法として「F統計量を用いた変数増加法／減少法／増減法」「寄与率やAIC等の情報量規準を用いたモデル選択法」などがあります。

```
> # 変数busydayのカテゴリごとの箱ひげ図
> ggplot(mydata9, aes(busyday, drink)) +
+   geom_boxplot() +
+   stat_summary(fun="mean", geom="point", shape=2)

> # 変数weatherのカテゴリごとの箱ひげ図
> ggplot(mydata9, aes(weather, drink)) +
+   geom_boxplot() +
+   stat_summary(fun="mean", geom="point", shape=2)

> # 変数busydayのカテゴリごとの密度曲線
> ggplot(mydata9, aes(x=drink, color=busyday)) +
+     geom_density(aes(linetype=busyday), lwd=2)

> # 変数weatherのカテゴリごとの密度曲線
> ggplot(mydata9, aes(x=drink, color=weather)) +
+     geom_density(aes(linetype=weather), lwd=2)
```

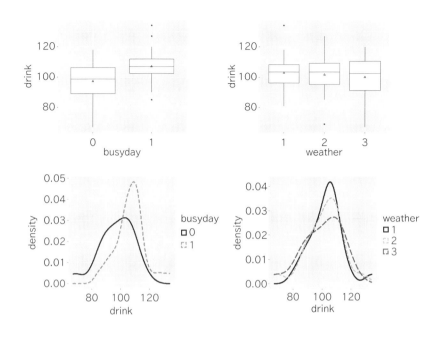

多重共線性

　ここで1つクイズです。今回の回帰分析は「お店の室温、繁忙日かどうか、天気の3つでドリンクの注文数を説明」しましたが、ここにもう1つ、「お店の最高室温（変数maxtemp、単位は℃）」を追加することもできます。追加した方がよいでしょうか？

```
> mydata9$maxtemp <- c(28, 30, 32, 31, 34, 33, 27, 29, 30,
+  31, 30, 33, 28, 27, 37, 30, 35, 29, 29, 28, 29, 34, 31,
+  34, 30, 30, 26, 31, 30, 30, 27, 33, 25, 28, 28, 28, 31,
+  28, 25, 25, 28, 27, 31, 30, 35, 30, 27, 26, 32, 28, 32,
+  33, 28, 36, 28, 31, 25, 26, 27, 35)
> cor(mydata9$maxtemp, mydata9$temp)
[1] 0.9855539
```

　「お店の最高室温」ですので、「お店の室温」との相関係数は0.985と関連性が高いです。また、先ほど「単回帰分析よりも、説明しようとする変数が多い回帰分析の方が一般的に結果の当てはまりがよい」と解説しましたので、「お店の最高室温」も入れて回帰分析してみます。すると、結果は以下の通りで、「お店の室温が1℃上がったら、ドリンクの注文数は−2.1杯減る」……室温が上がったらドリンクの注文

数が減る結果となり（？！）、有意差もなくなりました。

```
> result <- lm(drink ~ temp + busyday + weather + maxtemp, ↵
data=mydata9)
> summary(result)
Coefficients:（結果は抜粋）
            Estimate Std. Error t value Pr(>|t|)
(Intercept)   37.452     15.308   2.447   0.0177 *
temp          -2.102      2.775  -0.757   0.4521
busyday1       6.733      2.783   2.420   0.0189 *
weather2      -1.314      3.078  -0.427   0.6712
weather3      -2.450      3.302  -0.742   0.4612
maxtemp        3.911      2.664   1.468   0.1479
---
Signif. codes:  0 '***' 0.001 '**' 0.01 '*' 0.05 '.' 0.1 ' ' 1

> Anova(result, Type="II")
Anova Table (Type II tests)
Response: drink
          Sum Sq Df F value  Pr(>F)
temp        58.7  1  0.5737 0.45208
busyday    599.5  1  5.8541 0.01894 *
weather     57.9  2  0.2826 0.75491
maxtemp    220.7  1  2.1552 0.14789
Residuals 5529.5 54
---
Signif. codes:  0 '***' 0.001 '**' 0.01 '*' 0.05 '.' 0.1 ' ' 1
```

　少しイジワルなクイズでしたね。確かに、一般的には「単回帰分析よりも、説明しようとする変数が多い回帰分析の方が、結果の当てはまりがよい」のですが、これには条件があります。「説明しようとする変数同士の相関が高すぎる（連続データ同士であれば相関係数が1に近い状態）と、結果が不安定になる」ことが知られています。つまり「お店の最高室温」と「お店の室温」のように相関が高すぎる変数があると、今回のクイズのようにおかしな結果になるのです。これを「多重共線性の問題」と呼びます。あまりにも無意味な変数でない限り、説明する変数は多い方が回帰分析の結果の当てはまりはよいのですが、説明する変数同士の関連性・相関が高すぎないか、事前にチェックして変数をふるい分けする必要があります。

実食

……ということでや、うちの焼肉屋「きょうちゃん」も今年で50周年やさかい、これを機に駅前のシャレオツなとこで新装開店、ちゅうこっちゃ

シャレオツってなんですか？ あぁ、オシャレということですね……って、お店を引っ越すんですかっ！

あれは2カ月前やったかいな。駅前にえらいエエ物件が見つかってなぁ。元々、移転を考えてた矢先やったよって、二つ返事で飛びついたんやがな。ちょっと賃料は高なるし、しばらくは赤字になることも覚悟せなアカンけどな

ち、ちなみに、場所は駅前のどの辺なんですか？

駅の南出口から左に……のところや

へぇ～、あの辺りは美容室とかフィットネスクラブとか、ヨガ教室もあって女性が多いってイメージです

あと、カラオケ喫茶とか整骨院なんか、コンビニよりも多いんちゃうか？ あの辺は、いつも中高年の奥様方のたまり場になっとるがな。せやさかい、うちの今の客層からはガラッと変わるかもしれんし、なじみのお客さんも果たして来てくれるかどうか……。あ、今度の店はクーラー完備やで！ ちゃんとスイッチが入るか、確認も済ませとる

女性が多かったら、クーラーのない焼肉屋は敬遠されますもんね。……ってマスター！ じゃあ「店の室温とドリンクの注文数との関係」なんか見つけても意味なくないですか？ クーラーをつけたら室温は一定になりますし

……。おおっ！ ホンマやなっ。お前、よう気がつく子やなぁ。アメちゃんいるか？

感心している場合じゃないでしょ……。そうか、おかみさんはそのことに気づいてたから、回帰分析をやることに乗り気じゃなかったんだ

まぁエエやろ。過ぎたことは気にすなっ! アカンかったら別のデータで何かしてくれたらエエがな

気持ちの切り替え、早いですねぇ……。まぁ解析するのは多分、僕なんでしょうけど

 今回の新装開店もそうやけど、失敗を恐れたらおもろないがな。「人生、倒れるときも前のめり」ちゅうやないか。ポジティブ・シンキングっちゅう、アレや

「倒れるときも」って、失敗前提みたいで縁起が悪いですね

 ほんでや、新装開店にあたって、1カ月だけ大売り出しセールをしようと思うんや。「開店祝い! ●●半額!」ちうやつや

イイですねぇ〜。全品半額ですか?

 ドアホッ! そんなんしたら大売り出しセールが終わる前に、店つぶれてまうがなっ! 前にアンケート取ってグラフ描いてくれたやろ?あれをもとに、どれか1品だけ選んで「開店祝い! ●●半額!」をして、セールの後も値段を安くして、うちの目玉商品にしたいんや

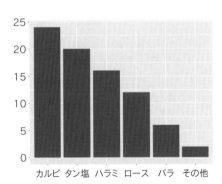

あれっ?「カルビ命」のマスターですから、カルビ一択なんじゃないんですか?

そこなんや。場所が今と同じところやったら「開店祝い！ カルビ半額！」でエエんやろうけど、駅前の奥様方がようけいてはるところや。ホンマにカルビ推しでエエか、ガラにもなく不安になってなぁ……。ロースやバラはないとして、恐らくカルビかタン塩か、ひょっとしたらハラミもあるか？てな感じで悩んどるんやわ

珍しいですね、マスターが尻込みされるの

「失敗を恐れたらおもろない」と虚勢はったものの、わし、来年で70や。弱気にもなるわい。あと、わしと嫁はんだけやったら、もう50年もやっとるんや、ここで店つぶれてもかまへん。ただ、うちの子供らには、望むんやったら全員大学までは出してやりたいんや。そう考えると、今のままではジリ貧やよって、ここらで駅前に新装開店して、最後にもうひと踏ん張りっちゅうこっちゃ。今度の店は簡単に失敗でけへん。しっかり稼いどきたいんや

マスター……

人生、学歴だけやないんやろうけど、わしは中学出てすぐに焼肉屋に修行へ行ったやろ。嫁はんにも子供にも恵まれて、それはエエ人生やったと思うとる。ただな、この歳にもなるとなぁ、他にも選択肢はなかったんやろかと、ふと浮かぶときがあるんや。学歴があるからて幸せになれんことは知っとる。けどな、学歴があったら人生の選択肢は広がるんや。せやから、もし子供が「大学行きたい」とせがまれたときには、気持ちよう行かせてやりたいんや

マスター、ちゃんとお子さんのことも考えてらっしゃるんですね

最初で最後の頼みや！ 何かデータ取って、新装開店で何を売り出したらエエんか、カルビかタン塩かハラミか、どれを推したらエエか知恵を貸してくれ！

「最初で」って、これが最初ではないですけどね……。でもマスター、僕、やってみます！

そうか！ やってくれるか！ 開店は来週やさかい、ひとつ早よ頼むでっ。ほな、わしは不動産屋と打ち合わせがあるよってに！（店の奥へ）

えっ?! 来週ですかっ?! いつも急ですね……、って、マスター、行っちゃった。う〜ん、情にほだされてOKしちゃったけど、どうしたらイインだろ……。要約統計量とか検定……、違うなぁ。ベイズでもシミュレーションでも上手くいきそうにないし、回帰分析もなぁ……。卒業論文の〆切も迫ってるのに、どうすればイインだろ

相変わらず、優しいわね。こんなデータはお好き?

好きなメニュー	性別	年齢	お店に来る頻度
カルビ	女性	20	よく来る
カルビ	女性	21	あまり来ない
カルビ	男性	22	たまに来る
カルビ	男性	22	よく来る
:	:	:	:

お、お、おかみさ〜ん! いつの間に、こんなデータを集めておられたんですかっ?!

前に、うちの子の宿題のためにアンケートを取ったでしょ? 何かの役に立つかなぁと思って、お客さんから回答用紙を集めるときに「性別」「年齢」「お店に来る頻度」もついでに質問してメモっといたの。小っちゃくてもPOS(Point Of Sale、販売時点情報管理)情報であることに変わりないものね♪

── まとめ ──

☑ 回帰分析を行う際、カテゴリ変数(特にデータの種類が3種類以上ある場合)はRの内部で変換されるので、解釈の際に注意が必要

☑ 単回帰分析よりも、説明しようとする変数が多い回帰分析の方が一般的に結果の当てはまりはいいが、「多重共線性」に注意が必要

☑ 「●●はドリンクの注文数に影響する」「▼▼はあまり影響ない」という検討を行う方法は、回帰分析の他に「部分集団解析(カテゴリごとに要約統計量や分布をみる)」ことも選択肢の1つ

Recipe 4.4
レシピ

カテゴリ変数の値を、いくつかの変数をもとに分類・予測したい

時間 20min ⏱

用途例 「カルビが好きな客層」「タン塩が好きな客層」「ハラミが好きな客層」をCART（Classification And Regression Trees）で分類・予測する

- ☑ CARTを行い、「それぞれのメニューが好きな客層」を分類するルールを作成してみよう

- ☑ CARTが作成した分類・予測ルールを味わってみよう

- ☑ CARTが作成した分類ルールと、部分集団解析との関係を見てみよう

～♦ 材料 ♦～

　お客さん60人のアンケート結果「性別」「年齢」「お店に来る頻度」をもとに、「カルビが好きな客層」「タン塩が好きな客層」「ハラミが好きな客層」をCARTで分類・予測します。

　今回の材料は、アンケート結果から得られた、好きなメニュー（変数名：meat、カルビ／タン塩／ハラミ）、性別（変数gender、女性／男性）、年齢（変数age、単位は歳）、お店に来る頻度（変数名：times、1→あまり来ない、2→たまに来る、3→よく来る）です。1行目に列名、2～61行目にデータ、61行4列の形式です。

meat	gender	age	times
カルビ	女性	20	3
カルビ	女性	21	1
カルビ	男性	22	2
カルビ	男性	22	3
カルビ	女性	23	2
カルビ	男性	24	1
カルビ	男性	25	2
カルビ	男性	26	3
カルビ	男性	27	1
カルビ	男性	28	2
カルビ	女性	29	3
カルビ	男性	30	3
カルビ	男性	31	1
カルビ	男性	33	2
カルビ	男性	34	3
カルビ	男性	34	1
カルビ	男性	36	2
カルビ	男性	37	3
カルビ	男性	37	1
カルビ	男性	38	2
カルビ	男性	39	3
カルビ	男性	39	1
カルビ	男性	41	2
カルビ	男性	45	3
タン塩	女性	38	1
タン塩	女性	40	2
タン塩	女性	40	3
タン塩	女性	43	1
タン塩	女性	44	2
タン塩	女性	45	3

meat	gender	age	times
タン塩	女性	46	1
タン塩	女性	47	2
タン塩	女性	49	3
タン塩	女性	49	1
タン塩	男性	49	1
タン塩	女性	51	2
タン塩	男性	51	2
タン塩	女性	52	3
タン塩	女性	53	1
タン塩	男性	53	3
タン塩	女性	55	2
タン塩	男性	55	1
タン塩	女性	58	3
タン塩	女性	59	1
ハラミ	女性	28	2
ハラミ	女性	30	3
ハラミ	女性	30	1
ハラミ	女性	31	2
ハラミ	女性	33	3
ハラミ	女性	34	1
ハラミ	女性	35	2
ハラミ	男性	37	1
ハラミ	女性	38	3
ハラミ	女性	39	1
ハラミ	女性	41	2
ハラミ	男性	42	2
ハラミ	男性	43	3
ハラミ	男性	44	1
ハラミ	男性	48	2
ハラミ	男性	50	3

準備
（下ごしらえ）

材料（データ）をRに読み込ませ、データフレーム「mydata10」を作成します。方法は2種類ありますので、お好きな方法で準備してください。

方法1 パッケージ「readxl」を呼び出し、Excelファイル「data.xlsx」を「C:¥temp」フォルダに格納した後、シート「Sheet43」から読み込み

```
> library(readxl)
> mydata10 <- read_excel("c:/temp/data.xlsx", sheet="Sheet43")
```

方法2 CSVファイル「Sheet43.csv」を「C:¥temp」フォルダに格納した後、読み込み

```
> mydata10 <- read.csv("c:/temp/Sheet43.csv")
```

方法1 と **方法2** のいずれかを実行した後、関数factor()を用いて、カテゴリデータである変数meatと変数genderを因子型データに、順位データである変数timesを順位付きの因子型データに変換します。

```
> mydata10$meat   <- factor(mydata10$meat)
> mydata10$gender <- factor(mydata10$gender)
> mydata10$times  <- ordered(mydata10$times)
> head(mydata10)
```

上記を実行すると、データが読み込まれ、左下「コンソール画面」にデータフレーム「mydata10」の1〜6行目が表示されます。また、データフレーム「mydata10」の全体を閲覧する場合は、RStudioの右上「Environment」タブから「mydata10」をクリックします。左上の画面にデータフレーム「mydata10」が表示されます。これで準備は完了です。

	meat	gender	age	times
1	カルビ	女性	20	3
2	カルビ	女性	21	1
3	カルビ	男性	22	2
4	カルビ	男性	22	3
5	カルビ	女性	23	2
6	カルビ	男性	24	1

～ 手順 ～

手順1 とりあえずデータフレーム「mydata10」をざっくり要約したい方は、以下を実行します。カテゴリデータである「好きなメニュー（変数名：meat）」「性別（変数gender）」「お店に来る頻度（変数名：times）」については、頻度集計の結果が表示されます。

```
> summary(mydata10)
```

手順2 関数xtabs(~ グループを表す変数名 + 見たい指標に関する変数名, data=データフレーム名)で、「性別（変数gender）と好きなメニュー（変数名：meat）の分割表・クロス表」や「お店に来る頻度（変数名：times）と好きなメニュー（変数名：meat）の分割表・クロス表」が作成できます。

```
> # 性別と好きなメニューの分割表
> ( TAB1 <- xtabs(~ gender + meat, data=mydata10) )

> # お店に来る頻度と好きなメニューの分割表
> ( TAB2 <- xtabs(~ times  + meat, data=mydata10) )
```

手順3 手順2 の結果に対して、さらに関数prop.table(分割表)を適用することで割合の計算ができます。

```
> # 性別と好きなメニューの割合に関する表
> round( 100*prop.table(TAB1, 1), 1)

> # お店に来る頻度と好きなメニューの割合に関する表
> round( 100*prop.table(TAB2, 1), 1)
```

<table>
<tr><td>手順
4</td><td>年齢（変数age）について、好きなメニュー（変数名：meat、カルビ／タン塩／ハラミ）別の部分集団解析を行うため、関数aggregate(解析する変数名, list(グループを表す変数名), 適用する関数)を使用します。</td></tr>
</table>

```
> aggregate(mydata10$age, list(mydata10$meat), summary)
```

<table>
<tr><td>手順
5</td><td>パッケージ「ggplot2」を呼び出します。次に、年齢（変数age）に関する分布のグラフと、好きなメニュー（変数名：meat）、性別（変数gender）、お店に来る頻度（変数名：times）に関する棒グラフを作成します（結果は割愛します）。</td></tr>
</table>

```
> library(ggplot2)
> mybk <- function(x, min, max) seq(min, max,
+   length.out=(nclass.Sturges(x)+1))
> ( BK <- mybk(mydata10$age, 20, 60) )
> ggplot(mydata10, aes(x=age)) +
+ geom_histogram(breaks=BK, color="black", fill="cyan",
+                aes(y=..density..)) +
+ geom_density(color="black", lty=1, lwd=2, adjust=1) +
+ scale_x_continuous(limits=c(15,65))     # 年齢に関する分布

> ggplot(mydata10, aes(x=meat)) +
+ geom_bar()     # 好きなメニューに関する棒グラフ
> ggplot(mydata10, aes(x=gender)) +
+ geom_bar()     # 性別に関する棒グラフ
> ggplot(mydata10, aes(x=times)) +
+ geom_bar()     # お店に来る頻度に関する棒グラフ
```

Part 4

室温が変わりすぎる×モデル解析

<table>
<tr><td>手順
6</td><td>パッケージ「rpart」「rpart.plot」を呼び出します。次に、性別（変数gender）、年齢（変数age）、お店に来る頻度（変数名：times）をもとに、好きなメニュー（変数名：meat）の値を分類・予測するため、関数rpart(分類したい変数meat ~ gender + age + times, data=データフレーム名)を実行し、CARTを行います。関数rpart()の結果を変数resultに格納し、関数rpart.plot () を適用することで、分類結果のグラフが作成されます。</td></tr>
</table>

```
> library(rpart)
> library(rpart.plot)
```

```
> result <- rpart(meat ~ gender + age + times, data=mydata10)
> rpart.plot(result, type=3, extra=102)
```

手順 7｜関数rpart()の結果変数resultと、関数predict()、関数table()を組み合わせて実行することで、元のデータフレーム「mydata10」の好きなメニュー（変数名：meat）と、CARTに基づいて分類された好きなメニュー（変数名：meat）の予測値との分割表・クロス表が作成できます。

```
> result_p <- predict(result, mydata10, type="class")
> table(mydata10$meat, result_p)
```

～∾ 完 成 ∾～

RStudioの左下「コンソール画面」にデータフレーム「mydata10」を要約した 手順1 の結果が表示されます。

```
      meat      gender              age    times
 カルビ:24    女性:30   Min.   :20.00    1:20
 タン塩:20    男性:30   1st Qu.:30.75    2:20
 ハラミ:16             Median :38.50    3:20
                       Mean   :38.68
                       3rd Qu.:46.25
                       Max.   :59.00
```

RStudioの左下「コンソール画面」に、「性別と好きなメニューの分割表・クロス表」や「お店に来る頻度と好きなメニューの分割表・クロス表」を作成した 手順2 の結果が表示されます。

```
> # 性別と好きなメニューの分割表
> ( TAB1 <- xtabs(~ gender + meat, data=mydata10) )
        meat
gender   カルビ   タン塩   ハラミ
   女性      4       16       10
   男性     20        4        6
```

```
> # お店に来る頻度と好きなメニューの分割表
> ( TAB2 <- xtabs(~ times  + meat, data=mydata10) )
     meat
times  カルビ  タン塩  ハラミ
    1     7     8     5
    2     8     6     6
    3     9     6     5
```

RStudioの左下「コンソール画面」に、「性別と好きなメニューの割合に関する表」や「お店に来る頻度と好きなメニューの割合に関する表」を作成した 手順3 の結果が表示されます。

```
> # 性別と好きなメニューの割合に関する表
> round( 100*prop.table(TAB1, 1), 1)
       meat
gender  カルビ  タン塩  ハラミ
   女性  13.3  53.3  33.3
   男性  66.7  13.3  20.0

> # お店に来る頻度と好きなメニューの割合に関する表
> round( 100*prop.table(TAB2, 1), 1)
     meat
times  カルビ  タン塩  ハラミ
    1    35    40    25
    2    40    30    30
    3    45    30    25
```

RStudioの左下「コンソール画面」に、年齢（変数age）に関する好きなメニュー別の部分集団解析を実施した 手順4 の結果が表示されます。

```
   Group.1  x.Min.  x.1st Qu.  x.Median  x.Mean  x.3rd Qu.   x.Max.
1   カルビ  20.0000  24.7500  30.5000  30.8750    37.0000  45.0000
2   タン塩  38.0000  44.7500  49.0000  48.8500    53.0000  59.0000
3   ハラミ  28.0000  32.5000  37.5000  37.6875    42.2500  50.0000
```

RStudioの右下の画面に、CARTによる分類ルールに関する 手順6 のグラフが表示されます。

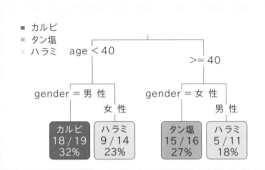

RStudioの左下「コンソール画面」に、[手順7]の結果が表示されます。
行が実際のデータ、列がCARTにより分類された予測データです。例えば
1行目では、実際のデータである「カルビが好きなお客さん24人」につい
て、CARTでは「カルビ：18人、ハラミ：6人」と分類されています。

	result_p		
	カルビ	タン塩	ハラミ
カルビ	18	0	6
タン塩	0	15	5
ハラミ	1	1	14

CARTによる分類ルールの作成、
部分集団解析との関係

CART・分類木

　CARTとは、トーナメント表のような形式（分類木）で「カテゴリ変数の分類」や
「回帰分析」を行う手法です。今回は「カテゴリ変数（好きなメニュー）の分類」を
行うために以下のような分類木を作成し、どの客層がどのメニューを好むかを調べ
てみました。

　分類木を見れば、「40歳未満では、男性がカルビ好き、女性がハラミ好き」「40
歳以上では、男性がハラミ好き、女性がタン塩が好き」「ハラミは少し的中割合が低
い」ということがひと目でわかります。新店舗の周りは中高年の女性が多そうですの
で、この結果からタン塩を売り出すのがよさそうであることが伺えます。ちなみに、分

類結果を表す各箱の3行目に表示されているパーセント（%）は「各分類結果に含まれる人数が全体に占める割合」を表します。

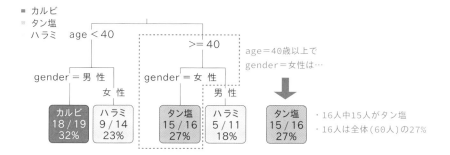

CARTによる分類木は、関数rpart()で作成することができます。変数の指定方法は関数lm()と同じで、rpart(分類したい変数 ～ 分類のために使用する変数, data＝データフレーム名)と指定する形式です。今回はrpart(meat ～ gender + age + times, data＝データフレーム名)として、「性別（変数gender）、年齢（変数age）、お店に来る頻度（変数名：times）」をもとに、「好きなメニュー（変数名：meat）」の値を分類・予測するためのCARTが実行できます。CARTでは「分類間違いが少なくなるように直線でデータを分類」するため、今回の場合は以下の感じで分類されたことになります。

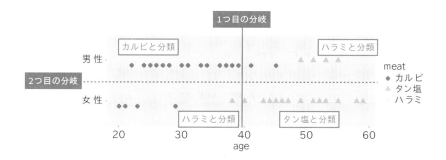

分類木の分岐数

分類木よりカルビやタン塩の的中割合は、それぞれ94.7%（18/19）と93.8%（15/16）と高いです。一方、「40歳未満では女性はハラミ好き」「40歳以上では男性はハラミ好き」と分類されており、的中割合がそれぞれ64%（9/14）、45%（5/11）と高くないものもあります。「実際のデータ（下表の行）」と「CARTにより

室温が変わりすぎる×モデル解析

分類された予測データ（下表の列）」の表を見ても、1行目「カルビ好きの24人のうちハラミに6人が誤分類」、2行目「タン塩好きの20人のうちハラミに5人が誤分類」になっています。

```
> result_p <- predict(result, mydata10, type="class")
> table(mydata10$meat, result_p)
        result_p
         カルビ  タン塩  ハラミ
   カルビ    18      0      6
   タン塩     0     15      5
   ハラミ     1      1     14
```

実際のデータ	CARTによる予測		
	カルビ	タン塩	ハラミ
カルビ	18	0	6
タン塩	0	15	5
ハラミ	1	1	14

　分岐の数をもっと増やすことで的中割合を上げることを思いつきますが、以下の分類木のように、的中割合は確かに上がりそうな反面、分岐が多すぎてルールがわかりにくくなってしまいます。

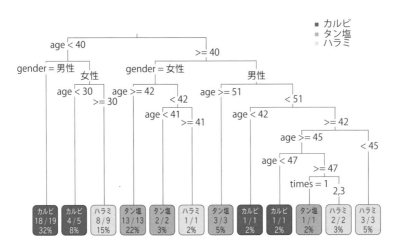

　CARTは「分類ルールの単純さ」と「的中割合」のバランスが大事です。上のグラフでは的中割合は確かに上がりますが、分類ルールが複雑すぎます。また、今回の

データでの当てはまりはいいかもしれませんが、このルールを次に生かしたときに果たして的中割合が高くなるかは疑問です。逆に、分類ルールがシンプル過ぎると的中割合が低くなりがちです。CARTは「分類ルールの単純さ」と「的中割合」のバランスを取ったものを、まずは提案してくれますので、とりあえずは出力されたルールを使えばよいでしょう。

どうしても分類ルールを修正してみたい場合、例えば「1つの分類結果の箱に目安として10人以上含める」ような分類ルールの指定は、引数control=rpart.control(minsplit=10)とします（ただし、内部でいろいろ調整されるため、結果は「1つの分類結果の箱に必ず10人以上」とはならないかもしれません）。

```
> # ドット(.)：meat以外の全変数という意味
> result2 <- rpart(meat ~ . , data=mydata10,
+                    control=rpart.control(minsplit=10))
> rpart.plot(result2, type=3, extra=102)
```

部分集団解析で追加検討

CARTで分類ルールを作成した後は、部分集団解析によりデータを精査するのも有用です。まず、「性別」「お店に来る頻度」「年齢」と、「好きなメニュー」の関係を見るために、「性別と好きなメニューの割合に関する表」や「お店に来る頻度と好きなメニューの割合に関する表」と「年齢（変数age）に関する好きなメニュー別の部分集団解析」の結果を見てみましょう。

```
> # 性別と好きなメニューの割合に関する表
> round( 100*prop.table(TAB1, 1), 1)
        meat
gender  カルビ  タン塩  ハラミ
  女性   13.3   53.3   33.3
  男性   66.7   13.3   20.0

> # お店に来る頻度と好きなメニューの割合に関する表
> round( 100*prop.table(TAB2, 1), 1)
      meat
times  カルビ  タン塩  ハラミ
    1    35     40     25
    2    40     30     30
    3    45     30     25
```

```
> aggregate(mydata10$age, list(mydata10$meat), summary)
  Group.1  x.Min.  x.1st Qu.  x.Median  x.Mean  x.3rd Qu.   x.Max.
1  カルビ 20.0000    24.7500   30.5000 30.8750    37.0000  45.0000
2  タン塩 38.0000    44.7500   49.0000 48.8500    53.0000  59.0000
3  ハラミ 28.0000    32.5000   37.5000 37.6875    42.2500  50.000
```

　まず、「性別」は「好きなメニュー」に関係がありそうです。結果から、「女性はタン塩、次にハラミが好き」「男性はカルビが好き」ということがわかります。そのため、CARTで分類ルールの材料に使われていると理解できます。

性別	好きなメニュー		
	カルビ	タン塩	ハラミ
女性	13.3%	53.3%	33.3%
男性	66.7%	20.0%	13.3%

　次に、「お店に来る頻度」です。頻度が多いほどカルビ好きの割合が若干上がっているように見えますが、最大でも10%程度の差です。タン塩やハラミも明らかな傾向はありませんので、「好きなメニュー」とあまり関係がなさそうです。実際、「お店に来る頻度」はCARTで分類ルールの材料に使われていませんでした。

お店に来る頻度	好きなメニュー		
	カルビ	タン塩	ハラミ
あまり来ない(1)	35%	40%	25%
たまに来る(2)	40%	30%	30%
よく来る(3)	45%	30%	25%

　最後に、「年齢」は「好きなメニュー」に関係がありそうで、年齢層で「好きなメニュー」がはっきり分かれています。言い換えると、年齢が上がるにつれて「カルビ」「ハラミ」「タン塩」と好みが変わっているかもしれません。そのため、CARTで分類ルールの材料に使われていると理解できます。

好きなメニュー	平均年齢
カルビ	30.9歳
タン塩	48.9歳
ハラミ	37.7歳

続いて、「年齢が40歳未満の人について、性別と好きなメニューの分割表・クロス表」と「年齢が40歳以上の人について、性別と好きなメニューの分割表・クロス表」の結果を見てみましょう。

```
> mydata10$age_cat <- ifelse(mydata10$age < 40, "Young", "Adult")
> ( TAB3 <- xtabs(~ gender + meat + age_cat, data=mydata10) )

, , age_cat = Adult

        meat
gender   カルビ   タン塩   ハラミ
   女性       0      15       1
   男性       2       4       5

, , age_cat = Young

        meat
gender   カルビ   タン塩   ハラミ
   女性       4       1       9
   男性      18       0       1
```

「年齢が40歳以上（Adult）の人について、女性は16人中15人がタン塩好き、男性は11人中5人がハラミ好き」……、これはCARTと同じ結果です！ つまり「CARTの分類結果は、部分集団解析でも同じことができる」ということがわかります。

性別	40歳以上の好きなメニュー			40歳未満の好きなメニュー		
	カルビ	タン塩	ハラミ	カルビ	タン塩	ハラミ
女性	0	15	1	4	1	9
男性	2	4	5	18	0	1

CARTで分類ルールを作成したらそれで満足、という人が多いかもしれませんが、この後に部分集団解析等で精査を行うと、新たな発見に出会うこともあります。例えば「年齢が40歳以上（Adult）の人について、男性は11人中2人がカルビ好きで4人がタン塩好き」や「年齢が40歳未満（Young）の人について、男性は19人中1人がハラミ好き、女性は14人中4人がカルビ好きで1人がタン塩好き」など、CARTにはない情報が得られます。

今回はデータがよすぎたため結果がはっきり出ましたが、CARTは実はひと昔もふた昔も前の分類・予測の方法です。直線的な境界線しか引けないため、曲線的

な境界線が引ける高性能な手法（例えばサポートベクターマシン）に比べると分類・予測精度はあまりよくないかもしれません。また、部分集団解析は言うまでもなく古典的な方法です。今やAIや機械学習が登場し、そちらの予測精度が格段に上がっていますので、いよいよCARTや部分集団解析は過去の遺物になりそうです。

　しかし、AIや機械学習は内部で何をしているか理解が難しく、手法によっては予測精度はよいが予測ルールが判然としないものもあります。一方、CARTや部分集団解析は分類ルールがはっきりしており、「分類や予測をどう行うか」を実感する目的ではちょうどよい手法でしょう。Recipe 3.1〜3.3で学んだベイズ解析のコンセプトと合わせると、AIや機械学習を勉強するためのスタート地点に立てたと言えるかもしれません。

実 食

マスター、今まで大変お世話になりました。本日でアルバイトを卒業させていただきます。明日からは社会人として第一歩をあゆ……

 ほれっ。体に気いつけよ（店の奥へ）

マ、マスター？ ありゃりゃ、僕に封筒を渡して、帰っちゃった。何だろう、この封筒

 うちの人、寂しいのよ。口下手だから何も言わないけど

封筒に、さ、30万円も入ってる？！ いや、こんなに悪いですよ……

 社会人になったお祝いと、以前に1カ月分タダで働いてもらった分の返金よ

あ、ありがとうございます。「1カ月タダ働き」は、ホントかと思ってましたけど、冗談だったんですね。マスターもおかみさんも何も言ってくれませんし、当時はホントに何もくれませんでしたから……

 ちょっとしたドッキリよ

いや、お祝いをいただいたのなら、なおさらマスターにちゃんと挨拶しないといけません。こんなにたくさん、悪いですよ……

黙って取っといたら？ うちの人も涙ぐんでるとこ見られたくないでしょうし、あと、シミュレーションでカルビの儲けを増やしてくれたり、他にもいろいろ、手間をかけちゃったから、そのお礼もあるんじゃない？ ああ見えて、結構寂しがってるのよ、あなたが明日からいなくなっちゃうから

ええっ？！ マスター、そんなに僕のこと気にしてくれてたんですっか？！ 意外……

落ち込んじゃってね。今日はお店、休もうかどうしようかって悩んでたくらいよ。「休んだら、この30万円、あいつに渡さんで済むし」って

最後の最後まで期待を裏切りませんね、マスター……。ところで、新装開店したお店、大繁盛ですね。タン塩を前面に売り出して大正解でした

ふふふ、あなたのCART分析のおかげよ。あと、お店のクーラーの設定温度を29℃にしているから、ドリンクもよく出てるわ

クーラーがついてるのに何故こんなに暑いんだと思ってたら、そういうことでしたか……。あと、CART分析はおかみさんの指示通りに解析しただけで、僕は何もしていませんよ。今回みたいに、おかみさんがジャンジャン解析してマスターにアドバイスしたら、もっとお店は繁盛するのにって思いますよ。もったいないです

このお店は、うちの人のお店よ。私が口出しすることは何もないわ。私はあくまで、うちの人の影のサポート役よ

マスター、口には出しませんけど、おかみさんのことを頼りにしてると思いますよ。第一、お店の名前を「きょうちゃん」とか、おかみさんの名前を付けている辺り、マスターがおかみさんのことを思ってる証じゃないですか。新しいお店も「きょうちゃん」のままですし

何言ってるの。「きょうちゃん」は、うちの人の「京之介」からとったものよ

えっ？！ 今までずっと、おかみさんの名前だと、てっきり……

私の名前はかず子よ

……?！ あの、いかついマスターが、自分の名前から店の名前を「きょうちゃん」にするなんて……

そんなおちゃめなところに私は惹かれたのよ。もう惚れ直しちゃう♪

……ごちそうさまでした

おしまい

=== まとめ ===

- ☑ CARTでは、「分類ルールの単純さ」と「的中割合」のバランスを取りつつ、データを直線的に仕切って分類ルールを作成する
- ☑ CARTの分類結果は、部分集団解析でも同じことができる

Part 5

説明が後ろすぎる

R&RStudioの基本と補足

Recipe 5.1
レシピ

RとRStudioのインストール

時間 15min 🕐

ポイント
☑ RとRStudio（いずれも無料！）をインストールしよう
☑ 各種OSへのインストール方法についても見ておこう

Windows版Rのインストール

手順1 以下のCRAN（The Comprehensive R Archive Network）のミラーサイト一覧から、お近くのミラーサイト（例えば、統計数理研究所や山形大学のミラーサイト）にアクセスします。

・CRANミラーサイト一覧：https://cran.r-project.org/mirrors.html
〈日本国内のミラーサイト〉
○ 統計数理研究所：https://cran.ism.ac.jp/
○ 山形大学 ：https://ftp.yz.yamagata-u.ac.jp/pub/cran/

手順2 「Download R for Windows」をクリックします。

The Comprehensive R Archive Network

Download and Install R

Precompiled binary distributions of the base system and contributed packages, **Windows and Mac** users most likely want one of these versions of R:

- Download R for Linux
- Download R for (Mac) OS X
- Download R for Windows ← クリック

R is part of many Linux distributions, you should check with your Linux package management system in addition to the link above.

手順 3	「Subdirectories」の一覧から、[base]または[install R for the first time]をクリックします。

手順 4	「Download R 4.0.X for Windows」をクリックして「R-4.0.X-win.exe」をダウンロードします（ダウンロードする時期によって最新バージョンは異なります）。

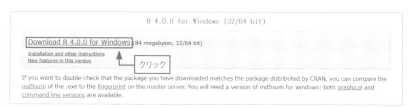

※画面は2020年6月1日時点のもの

手順 5	ダウンロードが完了したら「R-4.0.X-win.exe」をダブルクリックします。「ユーザーアカウント制御」の画面が表示されたら[はい]をクリックします。続いて、言語選択の画面が表示されるので「日本語」を選択して[OK]をクリックします。セットアップ画面が表示されるので[次へ(N)>]をクリックします。

Part 5

説明が後ろすぎる×R&RStudioの基本と補足

手順 6	「インストール先の指定」画面が表示されますので、そのまま［次へ］をクリックします。続いて「コンポーネントの選択」画面が表示され、インストールするコンポーネントを選択することができます。お使いのPC「32-bit ／ 64-bit」のものにチェックが付いていることを確認後（不明な場合は両方にチェックを付けて）、［次へ(N)>］をクリックします。

手順 7	「起動時オプション」画面が表示されるので，「はい（カスタマイズする）」を選択して［次へ(N)>］をクリックします。続く「表示モード」画面では、「SDI（複数のウインドウ）」を選択して［次へ(N)>］をクリックします。

手順 8	「ヘルプの表示方法」画面では，好みの形式を選択（著者はテキスト形式を選択）して［次へ(N)>］をクリックします。続く「スタートメニューフォルダーの指定」画面はそのまま［次へ(N)>］をクリックします。

手順
9
「追加タスクの選択」画面で適当な個所にチェックを付けて [次へ(N)>] を
クリックすると、Rのインストールが始まります。

手順
10
インストール完了後、WindowsのスタートメニューまたはデスクトップのRの
ショートカットを右クリックして「プロパティ」画面を表示します。[互換性] タ
ブの「管理者としてこのプログラムを実行する」にチェックを付けます。これ
でRのインストールは完了です。

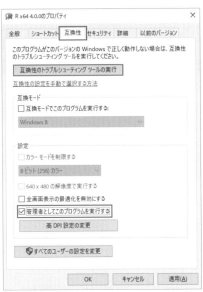

他のOSでのRのインストール

| 手順 1 | 以下のCRANのミラーサイト一覧から、お近くのミラーサイト（例えば、統計数理研究所や山形大学のミラーサイト）にアクセスします。 |

・**CRANミラーサイト一覧**：https://cran.r-project.org/mirrors.html
〈日本国内のミラーサイト〉
○ 統計数理研究所：https://cran.ism.ac.jp/
○ 山形大学　　　：https://ftp.yz.yamagata-u.ac.jp/pub/cran/

| 手順 2 | 「Download R for Linux」又は「Download R for (Mac) OS X」をクリックし、Rをインストールします。 |

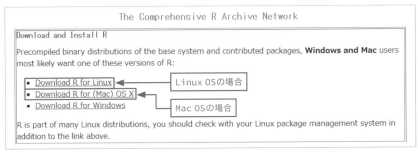

ubuntu（linux）の場合、上記リンク先から「ubuntu/」→「README.
html」にアクセスすることで、インストール方法を参照することができます。ま
ず、ubuntuのコードネームを確認します。

```
lsb_release -cs
```

エディタ「gedit」を使って/etc/apt/sources.listファイルをルート権限で編集し
ます。ルート権限のパスワードの入力が求められるので入力します。

```
sudo gedit /etc/apt/sources.list
```

Ubuntuのコードネームがbionicの場合、以下のいずれかの1行を付け加えま
す。

```
deb https://cloud.r-project.org/bin/linux/ubuntu focal-cran40/
```

Ubuntuレポジトリの公開鍵を入手します。最後のキーワードはユーザーにより変
わります。

```
sudo apt-key adv --keyserver keyserver.ubuntu.com --recv-keys ⏎
XXXXXXXXE084DAB9
```

R本体とUbuntuに用意されているパッケージをインストールします。

```
sudo apt-get update
sudo apt-get install r-base
sudo apt-get install r-base-dev
```

エラーが出た場合は、設定の完了していないパッケージを以下のコマンド等で設
定してください。

```
sudo dpkg --configure -a
```

Windows版RStudioのインストール

手順
1

RStudioのホームページ（https://rstudio.com/）にアクセスし、画面右上にある「DOWNLOAD」をクリックします。

手順
2

「Choose Your Version」の中から「RStudio Desktop」にある［DOWNLOAD］ボタンをクリックします。

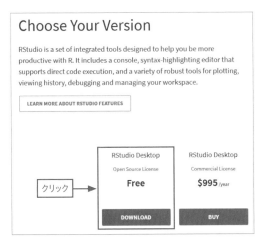

手順
3

「Recommended for your system」で、お使いのOS用のRStudioが表示されていれば、この画面からRStudioをダウンロードします。表示されていなければ、「All Installers」の一覧からお使いのOS用のRStudioをダウンロードします。

| 手順 4 | ダウンロードが完了したら「RStudio-1.X.XXX.exe」をダブルクリックします。セットアップウィザードにしたがって［次へ(N)>］のクリックを続け、［インストール］ボタンが表示されたら、これをクリックします。Studioのインストールが始まります。 |

| 手順 5 | インストール完了後、RStudioのショートカットを右クリックして「プロパティ」画面を表示します。［互換性］タブの「管理者としてこのプログラムを実行する」にチェックを付けます。これでRStudioのインストールは完了です。 |

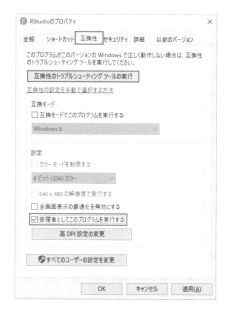

他のOSでのRのインストール

　MacOS Xの場合、Windows版の ┌手順1┐ ～ ┌手順4┐ と同様の手順でインストールします。

　ubuntu（linux）の場合、あらかじめ、debの依存ファイルをダウンロードしてインストールするための「gdebi」と「curl」をインストールします。

```
sudo apt install gdebi
sudo apt-get install curl
```

　次に、RStudioのubuntu用最新版を確認します。

```
https://rstudio.com/products/rstudio/download/#download
```

　RStudioをダウンロードし、インストールします。

```
curl -LO https://download1.rstudio.org/desktop/bionic/amd64/↵
rstudio-1.3.959-amd64.deb
sudo gdebi rstudio-1.3.959-amd64.deb
```

Recipe 5.2
レシピ

RStudioの概要とセットアップ

時間 20min ⏱

ポイント
- ☑ RStudioの概要を理解しよう
- ☑ 本書を読むための準備を行おう
- ☑ パッケージの呼び出し方を覚えよう

RStudioの概要

手順 1 RStudioを起動します。デスクトップに作成されたショートカット、またはスタートメニューにあるショートカットをクリックします。

手順
2

メニューバーの［File］→［New File］→［R Script］を選択します。

手順
3

R Studioは4つの画面で構成されています。
左上から時計回りの順に「プログラムを書く場所（ソース画面）」「作成された
データ・変数リスト、実行したプログラムの履歴一覧」「グラフの表示場所、ファ
イルやパッケージに関する情報の表示場所」「実行結果が表示される場所（コ
ンソール画面）」となります。本書では左上の「プログラムを書く場所（ソース
画面）」にプログラムを書いて実行し、コンソール画面に表示された結果やグ
ラフの表示場所に出力されたグラフを確認するという流れで進めます。

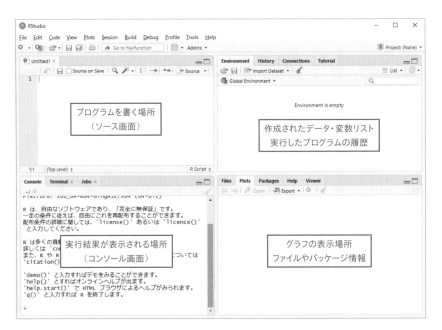

試しに簡単なプログラムを入力してみましょう。「1+2」と「3 * 4 / (5 + 6)〔3×4÷(5+6)〕」という簡単な計算を行います。左上のソース画面に「1+2」「3 * 4 / (5 + 6)」と入力してください。入力したプログラムを実行する場合は、少し上の［Run］というアイコンをクリックするか、［Ctrl］＋［Enter］キーでプログラムを実行します。複数行プログラムを一気に実行する場合は、該当箇所をマウスなどで選択した上で、［Run］というアイコンをクリックするか、［Ctrl］＋［Enter］キーでプログラムを実行します。

実行したいプログラムをマウスなどで選択した後［Run］をクリックするか［Ctrl］＋［Enter］を押す

結果はコンソール画面に表示される

実行すると、実行したプログラムと計算結果である「3」「1.090909」がコンソール画面に出力されます。

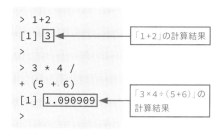

「1+2」の計算結果

「3×4÷(5+6)」の計算結果

　実行結果画面には「1+2」の前に ＞ という記号が前に付いています。この記号は実行したプログラム（の1行目）であることを表しています。

　計算結果の「3」の前に［1］というものが前に付いていますが、これは「結果がベクトルの1番目の値から始まっている」ことを表しています。とりあえず無視してください。

説明が後ろすぎる×R&RStudioの基本と補足

「3 * 4 / (5 + 6)」は、1行で書けるところをわざと2行にわたって計算式を書いています。5行目の「(5 + 6)」の前に + というものが付いていますが、これは実行したプログラムが継続していることを表しており、足し算のマークではないことに注意してください。

　最後の7行目に > の記号が再び現れました。これは「1 + 2と3 * 4 / (5 + 6)の計算が終了したので次の計算式を入力してください」とRが要求していることを意味します。この後、新たに計算式やプログラムを入力してプログラムを実行すればRは再び計算処理をしてくれます。

　なお、本書では、例えば以下のようにプログラムと実行結果を一度に示すことがあります。その場合、> や + や実行結果である「[1] 3」等は入力する必要はありません。この場合は「1 + 2」「3 * 4 / (5 + 6)」だけを入力するだけで構いません。

```
> 1+2
[1] 3

> 3 * 4 /
+ (5 + 6)
[1] 1.090909
```

　RStudioを終了するには、ウインドウの右上の [×] をクリックするか、メニューの [File] → [Quit Session] を選択します。その前に作成したプログラムを保存しておく場合は、ソース画面をクリックした後、フロッピーディスクのアイコンをクリックするか、メニューの [File] から [Save（上書き保存）]、[Save As（ファイル名を変更して保存）]、[Save（上書き保存）]、[Save with Encoding（文字コードを選択した上で保存）] 等を選択します。保存する際のファイルの拡張子は「.r」としてください。

　プログラムを保存した場合は、次回RStudio起動時に [File] → [Open File...] からプログラム（ファイルの拡張子が「.r」となっているファイル）を選択して開くことができます。

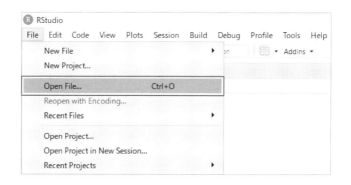

本書を読むための準備

手順1　以下のURLより「ダウンロード」をクリックし、本書で使用するデータ・プログラムが格納された圧縮ファイルをダウンロードします。

https://www.ohmsha.co.jp/book/9784274226250/

手順2　ダウンロードした圧縮ファイルを解凍し、中身を適当な場所に保存します。本書では「C:¥temp」に保存したとして話を進めています。ここで保存したRプログラムは（Part1.r ～ Part5.r）、RStudioのメニューの［File］→［Open File］から開くことができます。

手順3　以下の命令を「プログラムを書く場所（ソース画面）」に入力して［Run］のアイコンをクリックするか、「実行結果が表示される場所（コンソール画面）」に入力して［Enter］を押して、下記コマンドを実行してください。本書で出てくるプログラムを実行するためのパッケージ群がインストールされます（インストールには数分～10分程度かかります）。

```
> install.packages(c("readxl","ggplot2","car","rpart",
+                     "rpart.plot"), dep=T)
```

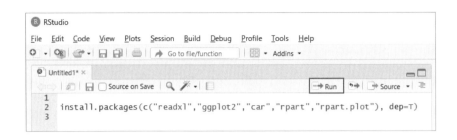

| 手順 4 | インストールしたパッケージを呼び出す場合は、関数library()を使用します。以下では、パッケージ「ggplot2」を呼び出しています。 |

```
> library(ggplot2)
```

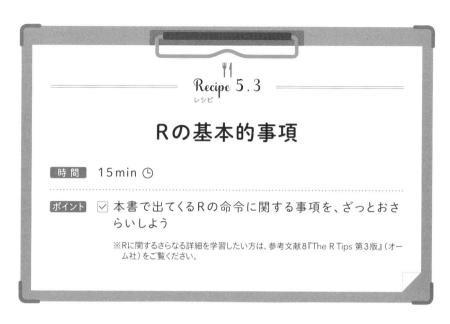

Rの基本的事項

時 間 15min ⏱

ポイント ☑ 本書で出てくるRの命令に関する事項を、ざっとおさ
らいしよう

※Rに関するさらなる詳細を学習したい方は、参考文献8『The R Tips 第3版』(オーム社)をご覧ください。

基本的な計算

　Rでは以下の演算子を用いることができます。

記号	+	-	*	/	^
意味	足し算	引き算	掛け算	割り算	累乗

　計算例を示します。下記の「# 9の0乗は1と同じ」のように、Rでは # を付けて
その後にコメントを書くことができます。本書では入力式の説明を # 付きのコメント
で行う場面が多数出てきます。プログラム中のコメントはメモや忘備録として記述す
るで、必ずしも入力する必要はありません。

```
> (12 + 34 - 56) * 78 / 9^0     # 9の0乗は1と同じ
[1] -780
```

　Rでは変数が扱え、代入演算子「<-」にて計算した結果を「変数」に代入すること
ができます。

```
> 変数 <- 数値や計算式など
```

　以下のように変数に入力したい内容を「<-」の後に記載する方法のほか、代入したい式を括弧で囲むと、計算結果を表示しつつ代入を行うことができます。なお、Rでは大文字と小文字を区別するので、例えば変数xと変数Xは別のものと認識されます。

```
> x <- 1 + 2      #  x の中身は表示されない
> x               #  x の中身を表示
[1] 3
> ( x <- 1 + 2 )
[1] 3
```

　Rでは、演算子を用いて平方根（ルート）の計算や対数の計算を行うことはできません。ただし、演算子の他に多数の数学関数が用意されており、例えば $\sqrt{10}$ を計算する場合はsqrt(10)とします。このsqrt()というものが関数で、括弧の中に計算したい数（引数）を入れて関数の値を計算します。

```
> sqrt(10)
[1] 3.162278
```

　数学関数は以下のようなものが用意されています。関数には数学計算を行うもの以外に、グラフを描く関数やデータを操作する関数など、さまざまな用途の関数があります。

関数	sqrt(x)	log(x)	log10(x)	log2(x)	exp(x)
意味	ルート	対数	常用対数	底が2の対数	e^x

関数	round(x)	floor(x)	ceiling(x)	abs(x)	sign(x)
意味	丸め	小数切り下げ	小数切り上げ	絶対値	xの符号

　はじめのうちは関数の使い方がわからない場合がよくあります。その場合はRStudioの右下の画面（「グラフの表示場所、ファイルやパッケージに関する情報の表示場所」）の［Help］タブをクリックし、その下の虫めがねのアイコンがあるテキスト入力画面に関数名を入力した後［Enter］キーを押すことでヘルプの内容を参照できます。以下では関数log()のヘルプを表示しています。

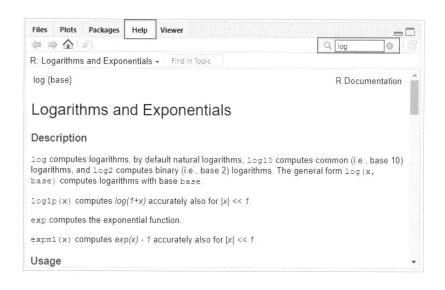

プログラムでもヘルプを表示することができます。例えば関数log()のヘルプは、以下のいずれかの方法で表示できます。

```
> help(log)
```

```
> ?log
```

ベクトル

Rは「ベクトル」という形式で「複数の値をひとまとめ」にすることができます。ベクトルは、関数c( )を用いて作成します。

```
> 変数 <- c(1つ目の値, 2つ目の値, 3つ目の値...)
```

例として「12、34、56、78、90」という5つの値を、1つの変数xに代入する例を挙げます。変数xの中身を確認する場合は、変数名をそのまま入力します。

```
> x <- c(12, 34, 56, 78, 90)
> x          # x の中身を表示
[1] 12 34 56 78 90
```

変数xにベクトルを代入した後は、「複数の値をひとまとめ」に処理することができます。以下では変数xの中身を合計しています。

```
> sum(x)      # x の値の合計
[1] 270
```

ベクトルに対する関数は以下のようなものが用意されています。

関数	length()	min()	max()	mean()	median()
意味	データの数	最小値	最大値	平均値	中央値

関数	var()	sd()	sort()	sum()	summary()
意味	不偏分散	標準偏差	データの整列	合計	要約統計量

また、ベクトルの作成や操作に関する命令・関数がいくつか用意されています。

命令・関数	作成されるベクトル
c( )	データがない、空のベクトル
1:7	1 から 7 まで 1 ずつ増えるベクトル
seq(1, 7, by=2)	1 から 7 まで 2 ずつ増加する等差数列
seq(1, 7, length=3)	1 から 7 まで、データ数が3個の等差数列
rep(1, 5)	値 1 を 5 回繰り返した数列

ベクトルを作成した後は、変数名[何番目か]により、ベクトル中の特定のデータを取り出せます。

```
> x[2]            # x の2番目の値
[1] 34
> x[c(1,5)]       # x の1,5番目の値
[1] 12 90
> x[4] <- 44      # x の4番目の値を44に変更
> x
[1] 12 34 56 44 90
```

Rならではの演算手法として、「ベクトル」と「1つの数値」との演算ができます。Rでは、1つの数値も「データ数が1個のベクトル」とみなされるため、長さが異なる2つのベクトルの演算を行うと、短い方のベクトルのデータが循環的に使用されま

す。以下の1つ目の例では、変数x「12、34、56、78、90」のそれぞれの値に対し「‐10」という計算が行われます。

```
> x <- c(12, 34, 56, 78, 90)
> x - 10        # すべてのデータから10を引く
[1]  2 24 46 68 80
> x / 100       # すべてのデータを100で割る
[1] 0.12 0.34 0.56 0.78 0.90
```

また、関数c()を使って、「ベクトルと値」や「ベクトルとベクトル」を結合することができます。

```
> c(x, 77)
[1] 12 34 56 78 90 77
> c(x, x)
 [1] 12 34 56 78 90 12 34 56 78 90
```

ベクトルの操作は、数値に関するものだけでなく、文字ベクトルの作成や、すでに作成されたベクトルをカテゴリに関するベクトル（因子型データ）や順位データへ変換することができます。関数factor()はカテゴリデータに関する解析を行う際によく使用します。

例えば関数factor()の引数levelsにて「順番を指定して因子型データに変換」することができますが、カテゴリの順番（1番目のカテゴリ、2番目のカテゴリ、…）を指定しただけで、順位データとは異なります。

```
> y <- c("A","B","C","D","E")
> u <- factor(y)                        # 因子型データに変換
> w <- factor(y,
+   levels=c("E","D","C","B","A"))      # 順番を指定して因子型データに変換
> z <- ordered(x)                       # 順位データに変換
```

関数factor()でいったん因子型データに変換した後、因子（カテゴリ）の順番を確認する場合は関数levels()を使用します。また、上記のように順番をすべて変更するのではなく、1番目のカテゴリのみ特定のものに変換する場合は関数relevel()を使用します。

```
> levels(u)                    # 因子（カテゴリ）の順番を確認
[1] "A" "B" "C" "D" "E"
> ( w <- relevel(u, ref="E") )  # 1番目のカテゴリをEに設定
[1] A B C D E
Levels: E A B C D
```

ベクトルの各データにラベルを付けることができます。

```
> names(x) <- y
> x                            # x の中身を表示
 A  B  C  D  E
12 34 56 78 90
> names(x)                     # x のラベルを表示
[1] "A" "B" "C" "D" "E"
```

Recipe 5.4
レシピ

データフレームと行列

時間 20min ⏱

ポイント ☑ データフレームの概要や作成方法を習得しよう

☑ データフレームを行列に変換した後、行列の計算例
を見てみよう

データフレームの作成

　データフレームとは、数値ベクトルや文字ベクトル、因子型ベクトルなどの異なる
型のデータをまとめて1つの変数として扱うものです。ここでは、Recipe 2.4で使
用した、アンケート結果に関するデータを例に解説します。

shop	answer	number
きょうちゃん	はい	71
きょうちゃん	いいえ	9
ヨンカルビ	はい	76
ヨンカルビ	いいえ	24

　上記表をデータフレーム「mydata3」として入力してみましょう。データフレーム
の入力は、関数data.frame()に「変数名＝ベクトル」を指定することで、データ（列
データ）を定義します。データフレーム「mydata3」は、表と同じように1行目に列名、
2〜5行目にデータ、という5行3列の形式で構成します。

```
> mydata3 <- data.frame(
+    shop   =c("きょうちゃん","きょうちゃん","ヨンカルビ","ヨンカルビ"),
+    answer=c("はい","いいえ","はい","いいえ"),
```

```
+     number=c(71, 9, 76, 24))
```

✓ **データフレーム「mydata3」の1列目**
　➡店の名前（変数名：shop）、文字ベクトル
✓ **データフレーム「mydata3」の2列目**
　➡お客さんの回答内容（変数名：answer）、文字ベクトル
✓ **データフレーム「mydata3」の3列目**
　➡回答数（変数名：number、単位は人）、数値ベクトル

データフレームを作成した後は、データフレームを入力することで中身を表示することができます。関数head(mydata3)と関数tail(mydata3)を入力すると、それぞれデータフレームの先頭6行、末尾6行が表示されます。

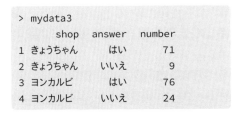

```
> mydata3
       shop   answer   number
1 きょうちゃん    はい       71
2 きょうちゃん    いいえ       9
3 ヨンカルビ     はい       76
4 ヨンカルビ     いいえ      24
```

また、データフレーム「mydata3」の全体を閲覧する場合は、RStudioの右上「Environment」タブから「mydata3」をクリックします。左上の画面にデータフレーム「mydata3」が表示されます。

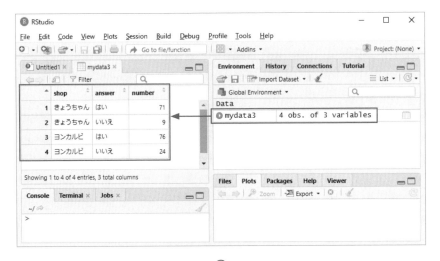

データがExcelで用意されている場合は、パッケージ「readxl」の関数read_excel("ファイルのパス", sheet="シート名")にて、Excelのデータをデータフレームとして読み込むことができます。なお、Windows版RStudioでは、ファイルの場所を指定する際に「¥」「\」の代わりに「/」を使用する必要があります。

```
> library(readxl)
> mydata3 <- read_excel("c:/temp/data.xlsx", sheet="Sheet24")
```

データがCSV形式で用意されている場合は、関数read.csv("ファイルのパス")にて、CSV形式のデータをデータフレームとして読み込むことができます。

```
> mydata3 <- read.csv("c:/temp/Sheet24.csv")
```

データがCSV形式の場合、文字コードの関係で読み込みに失敗する場合があります。その場合、下記のように読み込むcsvファイルの文字コードを指定して、再度データを読み込むことを試みます。

```
> mydata3 <- read.csv(file("c:/temp/Sheet24.csv",
+                      encoding="shift-jis"))
```

データフレームの操作

データフレーム中の1つの変数（1列分）を取り出す場合は「データフレーム名$変数名」または「データフレーム名[,列番号]」とします。列に含まれるデータ数は関数length()で計算できます。

```
> mydata3$number          # 変数numberを取り出し
[1] 71  9 76 24
> mydata3[,3]             # 3列目を取り出し
[1] 71  9 76 24
> length(mydata3$number)  # 変数numberのデータ数
[1] 4
```

列ではなく、データフレーム中の特定の行を取り出す場合は、「データフレーム名[行番号,]」とします。

```
> mydata3[1:2,]    # 1～2行目を取り出し
       shop    answer   number
1 きょうちゃん     はい      71
2 きょうちゃん     いいえ     9
```

その他、データフレームを操作するための関数や命令は以下の通りです。

命令・関数	意味
ncol(mydata3)	データフレームmydata3の列数（変数の数）を算出
nrow(mydata3)	データフレームmydata3の行数（データ数）を算出
names(mydata3)	データフレームmydata3の列名を表示
names(mydata3) <- c("店","答","数")	データフレームmydata3の列名を更新
mydata3$prop <- c(71, 9, 76, 24)/100	新たな列・変数propを追加
transform(mydata3, prop=c(71, 9, 76, 24)/100)	

行列

手入力で行列を作成する場合は、行列の要素をベクトルで用意した後、関数 matrix(ベクトル, 行数, 列数, by=T)でベクトルを行列に変換すると、すばやく作成できます。

```
> x <- c(71, 9, 76, 24)
> matrix(x, 2, 2, by=T)
     [,1] [,2]
[1,]   71    9
[2,]   76   24

> matrix(c(71, 9,
+          76,24), 2, 2, by=T)  # 2つの手順を一気に行う
     [,1] [,2]
[1,]   71    9
[2,]   76   24
```

データがすべて数値であるデータフレームを、関数as.matrix()で行列に変換することもできます。

```
> ( D <- data.frame(C1=c(71,76),C2=c(9,24)) )  # Dはデータフレーム
  C1 C2
1 71  9
2 76 24
> ( X <- as.matrix(D) )                          # Xは行列
     C1 C2
[1,] 71  9
[2,] 76 24
```

その他、行列を作成する関数がいくつか用意されています。

関数	作成される行列
matrix(0, 2, 3)	2行3列のゼロ行列
matrix(1, 7, 1)	7行1列の1行列（回帰分析の切片項などに使用）
diag(0, 3)	3行3列（正方行列）のゼロ行列
diag(2)	2行2列の単位行列
diag(1:3)	3行3列で，対角成分が(1,2,3)のゼロ行列

行列を作成した後は、以下の命令により、行列中の特定のデータを取り出せます。

命令	機能
X[1,]	1行目を抽出
X[, c(1,2)]	1〜2列目を抽出
X[c(1,2), 2]	1,2 行 2 列目の成分を抽出

行列の足し算、引き算、掛け算はそれぞれ + 、 - 、 %*% で行います。行列の掛け算は * でない点に注意してください。

```
> ( I <- diag(2)           )
     [,1] [,2]
[1,]    1    0
[2,]    0    1

> ( Y <- matrix(1, 2, 2) )
     [,1] [,2]
[1,]    1    1
[2,]    1    1
```

```
> X + Y - X %*% I
      C1 C2
[1,]   1  1
[2,]   1  1
```

他にも、行列計算を行う関数がいくつか用意されています。

命令	機能
det(X)	Xの行列式
t(X)	Xの転置行列
solve(X)	Xの逆行列
ginv(X)	Xの一般化逆行列 (パッケージ「MASS」の呼び出しが必要)
eigen(X)	Xの固有値と固有ベクトル
nrow(X)	Xの行数
ncol(X)	Xの列数
as.vector(X)	Xをベクトルに変換 (Xが1行1列の行列になったときにXを定数として扱いたいときに使用)

Recipe 5.5
レシピ

グラフ作成のスタートライン

| 時間 | 15min 🕐 |

| ポイント | ☑ パッケージ「ggplot2」によるグラフ作成の概念を理解しよう |
| | ☑ 興味のある方はパッケージ「ggplot2」に関する補助プリントを参照してみよう |

〜〜〜 材料 〜〜〜

Recipe5.2で読み込んだパッケージ群のうち「ggplot2」は、「グラフに関するオブジェクト(もの)」を使ってグラフ作成を行うためのパッケージです。関数ggplot()で土台となるグラフオブジェクトを作った後、点や線や文字に関するオブジェクトを関数geom_XXX()で作成し(XXXにはグラフの種類を表すキーワード)、必要に応じてカスタマイズした後、土台に貼り付けるスタイルとなっています。ここでは、Recipe 2.1で使用した、アンケートの「いちばん好きなメニューは何ですか?(1つだけ回答)」に関するデータを例にとり、下記 手順1 〜 手順4 にて棒グラフを作成します。

meat	number
タン塩	20
カルビ	24
ハラミ	16
ロース	12
バラ	6
その他	2

手順
1 まず、データフレーム「mydata2」を作成します。次にパッケージ「ggplot2」を呼び出します。

```
> mydata2 <- data.frame(
+   meat  =c("タン塩", "カルビ", "ハラミ", "ロース", "バラ", "その他"),
+   number=c(20, 24, 16, 12, 6, 2) )
> library(ggplot2)
```

手順
2 関数ggplot()を用いて、グラフの土台となる変数baseを作成します。

```
> # 書式:ggplot(データフレーム名, aes(x座標の変数, y座標の変数, エステ属性))
> base <- ggplot(mydata2, aes(x=meat, y=number, fill=meat))
```

上記で入力した関数aes()は、x座標、y座標、エステ属性（aesthetic attribute）を指定します（すべて指定する必要はありません）。役割と概要は以下の通りです。

エステ属性
➡ 女性の方がエステを行う目的と同じく、グラフに対して「線や塗りつぶしの色」「大きさ」「線の種類」「プロット点の形」などのお化粧・装飾を行うための属性。ここでは好きなメニュー（変数：meat）と「塗りつぶしの色（fill）」を紐付けしており、種類ごとに色を変えたり、メニューの種類を凡例に盛り込む際の手掛かりとなる

上記では土台（変数base）を作成しただけで、「どんなグラフなのか」という属性が与えられていませんので、これだけではグラフを作成したことになりません。

手順
3 先程作成した土台（変数base）にレイヤーを追加した変数を作成します。レイヤーとは「データに関連する要素」のことで、例えば下記の関数geom_col()では「棒レイヤー」を追加、すなわち「グラフの種類は棒グラフですよ」という属性を変数baseに与えていることになります。

```
> bars <- base + geom_col()
```

手順4 関数plot()に変数barsを指定することでグラフが表示されます。

```
> plot(bars)
> base + geom_col()    # plot(bars) と同じ働き
```

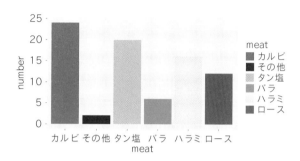

操作に慣れてくると、土台の変数baseを作成せずに、以下のようにまとめて入力してグラフを作成することが多くなります。

```
> ggplot(mydata2, aes(x=meat, y=number, fill=meat)) +
+    geom_col()
```

グラフを保存する場合はグラフウインドウのメニューから、または関数ggsave()を使用します。関数ggsave()ではeps/ps、tex (pictex)、pdf、jpeg、tiff、png、bmp、svg、wmfのファイル形式で保存することができます。フォントを指定する場合は引数family="Japan1GothicBBB"のように指定します。指定できるフォントは関数postscriptFonts()や関数pdfFonts()を参照してください。

```
> ggsave("MENU.png", device="png", width=20, height=20,
+         units="cm")
```

ggplot2の基本を簡単に説明しました。ggplot2の機能に関する事項を本文で紹介すると数十ページはかかるためここでは割愛します。なお、本書で使用するデータやプログラムが格納された圧縮ファイルの中身（本書では「C:¥temp」に保存した前提）に裏レシピ（補助資料）を用意しました。フォルダ「ggplot2_intro」があり、その中に「ggplot2.pdf（裏レシピ）」と「ggplot2.r（裏レシピに出てくるRプログラム）」を用意致しました。ggplot2に関する事項に興味がある方は、この裏レシピ

で勉強していただければと思います。

関数とプログラミング

時間 15min 🕐

ポイント ☑ 関数を定義する方法、実行する方法を理解しよう

☑ 条件分岐と繰り返しの方法を見てみよう

関数の定義

　Rには、sqrt()やlog()をはじめ、さまざまな関数が用意されていますが、目的に合わせて自分で関数を定義することもできます。関数の定義は以下のひな形に沿って行います。引数（入力値）は「関数を実行する際に前もって指定する値」、返り値は「関数を実行した結果の値」を意味します。

```
関数名 <- function( 引数・入力値 ) {
  < 計算処理の 1 行目 >
  < 計算処理の 2 行目 >
  .........

  return( 返り値・計算結果 )
}
```

　引数が1つある関数の定義例として、実行すると入力した値を2倍した値を出力する関数myfun1()を定義します。

```
> myfun1 <- function(x) {        #
+   y <- 2*x                     #
+   return(y)                    # 関数定義部分
+ }                              #
```

```
> myfun1(3)                          # 関数を実行する
[1] 6
```

引数が2つある関数を定義する例として、2つの数値を入れると入力した数値の積が結果として返ってくる関数myfun2()を定義します。引数を定義するところで「y=5」としていますが、こうしておくと関数実行時にyの値を省略（自動的にy=5として実行）することができます。

```
> myfun2 <- function(x, y=5) {       #
+    z <- x*y                         #
+    return(z)                        # 関数定義部分
+ }                                   #

> myfun2(3,4)                         # 関数を実行する
[1] 12
> myfun2(3)                           # 元々y=5が指定されているので
[1] 15                                # yの指定は省略可
```

返り値（計算結果）が2つ以上あるような関数を定義する場合、関数return()にベクトルを指定します。例として、2つの数値を入れると入力した数値の順番が逆になって返ってくる関数myfun3()を定義します。

```
> myfun3 <- function(a, b) {         #
+    x <- a                           #
+    y <- b                           #
+    z <- c(y, x)                     # 関数定義部分
+    return(z)                        #
+ }                                   #

> myfun3(1,2)                         # 関数を実行する
[1] 2 1
```

条件分岐と繰り返し

使用できる演算子は以下です。

演算子	==	!=	>=	>	<=	<	!	&	|
意味	等しい	等しくない	≧	>	≦	<	NOT	かつ	または

Rではif文により条件分岐ができます。例として，引数が負（マイナス）の場合は正の値に変換する関数myfun4()を定義します。

```
> myfun4 <- function (x) {
+   if (x < 0) {
+     x <- -x
+   }
+   return(x)
+ }
> myfun4(-3)
[1] 3
```

　if文とは別に、関数ifelse(条件式, 正しいときに返す値, 誤りのときに返す値)も用意されています。

```
> x <- -3
> ifelse(x<0, -x, x)
[1] 3
```

　Rではfor文により繰り返し処理ができます。例として，引数に正の整数を指定すると、「1から指定された値までの乗算結果」と「1から指定された値までの整数が格納されたベクトル」を返す関数myfun5()を定義します。

```
> myfun5  <- function (n) {
+   x <- 1
+   y <- c()
+   for (i in 1:n) {
+     x <- i*x
+     y <- c(y,i)
+   }
+   return( c(x, y) )
+ }
> myfun5(5)
[1] 120   1   2   3   4   5
```

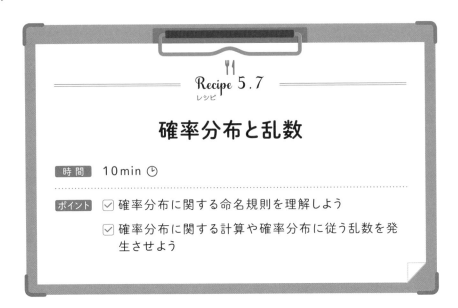

確率分布に関する関数

Rにはさまざまな確率分布の密度関数、分布関数、クォンタイル関数、乱数生成用関数が用意されています。その命名規則は以下の通りです。

用途	関数名	意味
確率密度（pdf）	dxxx(q)	q は分位数を表す、自由度4のt分布ならば dt(q, df=4)
累積分布（cdf）	pxxx(q)	q は分位数を表す、自由度4のt分布ならば pt(q, df=4)
分位数（quantile）	qxxx(p)	p は確率を表す、自由度4のt分布ならば qt(p, df=4)
乱数（random）	rxxx(n)	n は乱数の個数を表す、自由度4のt分布ならば rt(n, df=4)

関数pt()、関数qt()、関数dt()のイメージを以下に示します。

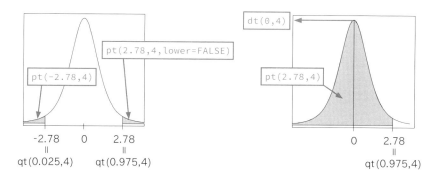

Rでは以下の理論分布が用意されています。

分布名	分布名（英語）	パラメータ
ベータ分布	beta	shape1, shape2, ncp
二項分布	binom	size, prob
コーシー分布	cauchy	location, scale
χ^2分布	chisq	df, ncp
指数分布	exp	rate
F分布	f	df1, df2, ncp
ガンマ分布	gamma	shape, scale
幾何分布	geom	prob
超幾何分布	hyper	n, m, k
対数正規分布	lnorm	meanlog, sdlog
ロジスティック分布	logis	location, scale
負の二項分布	nbinom	size, prob
正規分布	norm	mean, sd
ポアソン分布	pois	lambda
ウィルコクソンの符号付順位和統計量分布	signrank	m, n
t分布	t	df, ncp
一様分布	unif	min, max
ワイブル分布	weibull	shape, scale
ウィルコクソンの順位和統計量分布	wilcox	m, n

　正規分布に関する例を挙げます。もし関数rnorm()などで乱数を生成する前に乱数の種（シード、初期値）を設定する場合は関数set.seed(好きな正の整数)とします（例：set.seed(777)）。

```
> dnorm(0, mean=0, sd=1)              # X=0における標準正規分布の密度
[1] 0.3989423
> pnorm(1.96, m=0, s=1, lower=TRUE)   # Pr(X<1.96)
[1] 0.9750021
> qnorm(0.975, mean=0, sd=1)          # 97.5%分位点
[1] 1.959964
> rnorm(5, mean=40, sd=5)  # 平均40、標準偏差5の正規分布から乱数5個
[1] 42.84667 40.24178 39.09404 48.08812 36.23256
```

Recipe 5.8
レシピ

おかみさんの極私的統計メモ

時間 ?min

Part 1〜4での解説時は、なるべく数式を使わないように心掛けましたが、その背景にはこんなことがあります。この項目の内容を読まなくても本編は読み進められますが、数式に拒否反応がない方に限り、チェックすることで理解が深まるかもしれません。

Part 1の補足

[補足1] 要約統計量

- ✓ 最小値：データを小さい順に並べたときに、一番小さい値
- ✓ 中央値：データを小さい順に並べたときに、データ数が奇数の場合は真ん中の値、データ数が偶数の場合は真ん中の値2つの平均値（$100 \times p\%$ 分位点の計算方法に準じるが、これに帰着する）
- ✓ 最大値：データを小さい順に並べたときに、一番大きい値
- ✓ 第1四分位と第3四分位：$100 \times p\%$ 分位点の計算方法に準じる（$p = 0.25$、0.75 のときがそれぞれ第1四分位と第3四分位）。データを小さい順に並べ、データ数を n、$j = \lfloor (n-1)p+1 \rfloor$、$g = (n-1)p-j+1$ とするとき、$(1-g) \times [j$ 番目の値$] + g \times [j+1$ 番目の値$]$ にて与えられる。

```
> myQ <- function (x, p=0.25) {
+   y <- sort(x) ; n <- length(y)
+   j <- floor((n-1)*p+1) ; g <- (n-1)*p-j+1
+   return( (1-g)*y[j] + g*y[j+1] )
+ }
> x <- 1:8
> c( myQ(x, p=0.25), myQ(x, p=0.75) )
[1] 2.75 6.25
```

✓ 平均値：データ $x_1, x_2, \cdots, x_n$ について、$\overline{x} = \dfrac{1}{n}\sum_{i=1}^{n} x_i$

✓ 分散（不偏分散）：$u_x^2 = \dfrac{1}{n-1}\sum_{i=1}^{n} (x_i - \overline{x})^2$

✓ 標準偏差：$u_x = \sqrt{u_x^2}$

✓ 平均値の95%信頼区間（分散未知を仮定）：$X_1, X_2, \cdots, X_n$ が $N(\mu, \sigma^2)$ に従っており、その実現値から計算される平均値 $\overline{x} = \dfrac{1}{n}\sum_{i=1}^{n} x_i$ について、$t_{n-1}(0.025)$ を自由度 $n-1$ の t 分布に関する97.5%分位点とすると、

$$\left[\overline{x} - t_{n-1}(0.025)\sqrt{\dfrac{u_x^2}{n}}, \ \overline{x} + t_{n-1}(0.025)\sqrt{\dfrac{u_x^2}{n}}\right]$$ となる。

補足2 丸めと四捨五入

✓ 関数round()で丸められるが、IEEEの規約に従っているため四捨五入とは異なる。例えば、122.5を整数に丸めると122となる。本書で四捨五入用の関数myround(ベクトル, n=小数点以下桁数)を定義しているのは、そのため。

```
> myround <- function(x, n=0) {
+    floor( round(abs(x)*10^(n)+0.5,10) )*sign(x)/10^(n)
+ }
> round(c(122.5, 122.51, 123.5, 123.461))
[1] 122 123 124 123
> myround(c(122.5, 122.51, 123.5, 123.461))
[1] 123 123 124 123
```

補足3 Recipe 1.5のシミュレーションに関する補足

✓ 本来は二項分布 $Y \sim B(n, p)$ に従うはずの「カルビの注文数」につき、本書では $X \sim N(40, 5^2)$ の正規分布に従う乱数を発生させ四捨五入したもので代用している。これは、$np, n(1-p)$ がいずれも5以上であれば二項分布を正規分布に近似してもいい性質を利用しており、言い換えると「正規分布に従う乱数を発生させ四捨五入した値は、何らかの二項分布に従う実現値として代用可」である。どのような二項分布に従うかは気にしなくてよいが、確認のため計算してみる。Y の期待値と分散：$E(Y) = np = 40$, $Var(Y) = np(1-p) = 5^2 = 25$ として連立方程式を解くと、$n \cong 107$, $p = 3/8$ なる二項分布 $Y \sim B(107, 3/8)$ は、$X \sim N(40, 5^2)$ の正規分布に近似できる。そうすると、逆に正規分布 $X \sim N(40, 5^2)$ に従う乱数の実現値

を四捨五入することで、二項分布 $Y \sim B(n, p)$ に従うサンプルが得られる。$\Pr(39.5 \leq X < 40.5)$ と $\Pr(Y = 40)$ の値の比較、正規分布（実線）と二項分布（プロット点）のグラフを示す。

```
> pnorm(40.5, 40, 5) - pnorm(39.5, 40, 5) # Pr(39.5<X<40.5)
[1] 0.07965567
> dbinom(40, 107, 3/8)                     # Pr(Y=40)
[1] 0.07948634
```

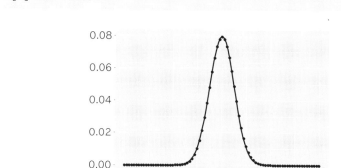

Part 2の補足

__補足4__ 1標本・割合の95%信頼区間と検定統計量

✓ 二項分布 $Y \sim B(n, p)$ につき、Y は正規分布 $N(np, np(1-p))$ で近似できる。また、$X = \dfrac{Y}{n} \sim N\left(p, \dfrac{p(1-p)}{n}\right)$ であるから、$z(0.025)$ を正規分布に関する97.5%分位点とすると、割合に関する実現値 $X = x$ につき、95%信頼区間は
$$\left[x - z_\alpha(0.025)\sqrt{\frac{x(1-x)}{n}}, \ x + z_\alpha(0.025)\sqrt{\frac{x(1-x)}{n}}\right]$$ となる。

✓ 帰無仮説：$p = p_0$ の下で、X は $N\left(p_0, \dfrac{p_0(1-p_0)}{n}\right)$ なる正規分布に従うので、割合に関する実現値 $X = x$ につき、検定統計量 $z_0 = \dfrac{x - p_0}{\sqrt{p_0(1-p_0)/n}}$ は標準正規分布に従う。

__補足5__ 2標本・割合の差の95%信頼区間と検定統計量

✓ __補足4__ と同様の議論により、グループ1の n_1 個から得られた割合 $X_1 \sim N\left(p_1, \dfrac{p_1(1-p_1)}{n_1}\right)$、グループ2の n_2 個から得られた割合 $X_2 \sim N\left(p_2, \dfrac{p_2(1-p_2)}{n_2}\right)$ につき、

$$X_1 - X_2 \sim N\left(p_1 - p_2, \frac{p_1(1-p_1)}{n_1} + \frac{p_2(1-p_2)}{n_2}\right) となる。$$

実現値 $X_1 = x_1, X_2 = x_2$ につき、割合の差の95%信頼区間は

$$\left[x_1 - x_2 - z(0.025)\sqrt{\frac{p_1(1-p_1)}{n_1} + \frac{p_2(1-p_2)}{n_2}}, \right.$$

$$\left. x_1 - x_2 + z(0.025)\sqrt{\frac{p_1(1-p_1)}{n_1} + \frac{p_2(1-p_2)}{n_2}} \right] となる。$$

✓ 帰無仮説：$p_1 = p_2 = \pi$ の下で、π の一致推定量より $\hat{\pi} = \dfrac{x_1 + x_2}{n_1 + n_2} = \dfrac{x_1 + x_2}{N}$ と

なるので、検定統計量 $z_0 = \dfrac{x_1 - x_2}{\sqrt{\dfrac{x_1 + x_2}{N}\left(1 - \dfrac{x_1 + x_2}{N}\right)\dfrac{N}{n_1 n_2}}}$ は標準正規分布

に従い、z_0^2 は自由度1のカイ二乗分布に従う。これはRの関数 chisq.test(…,

correct=F)の結果と一致する。

```
> two_prop(x1=71, n1=80, x2=76, n2=100)
  割合1(%)   割合2(%)   割合の差(%)   95%CI(下限)   95%CI(上限)    p値
    88.8        76          12.7         1.89         23.61       0.028

> chisq.test(matrix(c(71,9,76,24),2,2,by=T), correct=F)
        Pearson's Chi-squared test
data:  matrix(c(71, 9, 76, 24), 2, 2)
X-squared = 4.8256, df = 1, p-value = 0.02804
```

補足6 1標本・連続データの平均値に関する検定統計量

✓ 補足1 の「平均値の95%信頼区間（分散未知を仮定）」と同じ設定にて、帰無

仮説：$\mu = \mu_0$ の下で、検定統計量 $t_0 = \dfrac{\overline{x} - \mu_0}{\sqrt{u_x^2/n}}$ は自由度 $n-1$ の t 分布に従う。

補足7 2標本・連続データの平均値の差に関する検定統計量（等分散を仮定）

✓ 正規分布 $N(\mu_1, \sigma_1^2)$ に従うグループ1のデータにおける n_1 個の連続デー

タの平均 $\overline{X_1} \sim N\left(\mu_1, \dfrac{\sigma_1^2}{n_1}\right)$ と、正規分布 $N(\mu_2, \sigma_2^2)$ に従うグループ2の

データにおける n_2 個の連続データの平均 $\overline{X_2} \sim N\left(\mu_2, \dfrac{\sigma_2^2}{n_2}\right)$、それぞれの

グループの不偏分散を u_1^2, u_2^2 とする。等分散 $\sigma_1^2 = \sigma_2^2 = \sigma^2$ を仮定するの

で、$X_1 - X_2 \sim N\left(\mu_1 - \mu_2, \left(\dfrac{1}{n_1} + \dfrac{1}{n_2}\right)\sigma^2\right)$ となる。σ^2 の推定量として、2つ

のグループを併合した不偏分散 $U^2 = \dfrac{(n_1-1)u_1^2 + (n_2-1)u_2^2}{n_1 + n_2 - 2}$ を考えること

は自然である。実現値 $\overline{X_1}=\overline{x_1}$、$\overline{X_2}=\overline{x_2}$、$U^2=u^2$ とし、$t_{n_1+n_2-2}(0.025)$ を自由度 n_1+n_2-2 のt分布に関する97.5％分位点とすると、平均値の差の95％信頼区間は $\left[\overline{x_1}-\overline{x_2}-t_{n_1+n_2-2}(0.025)\sqrt{\left(\dfrac{1}{n_1}+\dfrac{1}{n_2}\right)u^2}, \ \overline{x_1}-\overline{x_2}+t_{n_1+n_2-2}(0.025)\sqrt{\left(\dfrac{1}{n_1}+\dfrac{1}{n_2}\right)u^2}\right]$ となる。

✓ 帰無仮説：$\mu_1=\mu_2$ の下で、検定統計量 $t_0=\dfrac{\overline{x_1}-\overline{x_2}}{\sqrt{\left(\dfrac{1}{n_1}+\dfrac{1}{n_2}\right)u^2}}$ は自由度 n_1+n_2-2 のt分布に従う。

Part 3の補足

補足8 ベイズの定理

✓ 確率変数θ、データxとの間に $p(\theta|x)=\dfrac{p(x|\theta)p(\theta)}{p(x)}$ なる関係がある。ここで、$p(\theta)$はθの事前分布、$p(x|\theta)$は尤度関数（又は単に尤度）、$p(\theta|x)$はθの事後分布である。データxの分布$p(x)$はθの事後分布$p(\theta|x)$が確率分布になるためだけのもので不要となることが多いことから、この関係は $p(\theta|x)\propto p(x|\theta)p(\theta)$ と表現されることが多い。本書ではこちらをベイズの定理とし、「事前分布／事前情報」×「データ（尤度）」→「事後分布／結果」とした。

補足9 2値データに関するベイズの定理

✓ θの事前分布をベータ分布$beta(a, b)$とすると、データ「n回中x回成功」に関する尤度にて事前分布を更新すると、θの事後分布は $beta(a+x, b+n-x)=beta(\alpha, \beta)$ となる。この事後分布の事後平均値は $\dfrac{\alpha}{\alpha+\beta}$、事後中央値は $\dfrac{\alpha-1/3}{\alpha+\beta-2/3}$（近似値、$\alpha>1$、$\beta>1$の場合に計算可）、事後モードは $\dfrac{\alpha-1}{\alpha+\beta-2}$、事後分散は $\dfrac{\alpha\beta}{(\alpha+\beta)^2(\alpha+\beta+1)}$ となる。本書では $beta(1, 1)$を無情報事前分布と設定とした。ちなみに、Recipe 3.1〜3.2で定義した関数beta_p()に、NAというものが出てくるが、これはNot Available（欠測、例えば事後中央値が計算できない場合）を表す。

補足10 連続データに関するベイズの定理

✓ 正規分布 $N(\mu, \sigma^2)$ に互いに独立に従うn個のデータ$\boldsymbol{x}=(x_1, x_2, \cdots, x_n)$について、$\mu$と$\sigma^2$ が独立に分布すると仮定し、これらの無情報事前分布を $p(\mu, \sigma^2)=p(\mu)p(\sigma^2)\propto\sigma^{-2}$ とする。本書ではμの事後分布の

み興味があったため、σ^2 を局外母数として扱うと、$\dfrac{\mu - \bar{x}}{\sqrt{S^2/(vn)}}$ が自由度 v の t 分布に従う $\left(v = n-1,\ S^2 = v \times u_x^2\right)$ という形式で μ の周辺事後分布を得る。μ の推定値としては $\bar{x}$ が妥当で、μ の 95% 確信区間は $\left[\bar{x} - t_v(0.025)S/\sqrt{vn},\ \bar{x} + t_v(0.025)S/\sqrt{vn}\right]$ となる。

Part 4 の補足

補足11 ピアソンの相関係数とスピアマンの相関係数

✓データ $x_1, x_2, \cdots, x_n$ の平均値 $\bar{x}$ と分散 $u_x^2 = \dfrac{1}{n-1}\sum_{i=1}^{n}(x_i - \bar{x})^2$、データ $y_1, y_2, \cdots, y_n$ の平均値 $\bar{y}$ と分散 $u_y^2 = \dfrac{1}{n-1}\sum_{i=1}^{n}(y_i - \bar{y})^2$、共分散を $u_{xy} = \dfrac{1}{n-1}\sum_{i=1}^{n}(x_i - \bar{x})(y_i - \bar{y})$ とする。本書では主にピアソンの相関係数 $r_{xy} = \dfrac{u_{xy}}{u_x u_y}$ を用いた。R では他にスピアマンの相関係数も算出でき、こちらは外れ値にも強い性質がある。

```
> x <- seq(0,2,length=21) ; y <- 2-(x-1)^2
> x <- c(x,8) ; y <- c(y,8)
> cor(x,y)                    # ピアソンの相関係数
[1] 0.9008833
> cor(x,y,method="sp")        # スピアマンの相関係数
[1] 0.09782311
```

補足12 回帰分析

✓ $n \times 1$ 行列で表されたデータ $\boldsymbol{y} = (y_1,\ y_2,\ \cdots,\ y_n)'$ について（′ は行列の転置記号）、切片行列と p 個の説明変数で構成される $n \times (p+1)$ の計画行列 X とパラメータ行列 $\boldsymbol{\beta} = (\beta_1,\ \beta_2,\ \cdots,\ \beta_{p+1})'$、誤差行列 $\boldsymbol{\varepsilon} = (\varepsilon_1,\ \varepsilon_2,\ \cdots,\ \varepsilon_n)'$ にて回帰モデル $\boldsymbol{y} = X\boldsymbol{\beta} + \boldsymbol{\varepsilon}$ を表現する。この行列 X は「左端の列は切片行列：$\boldsymbol{1} = (1,\ 1,\ \cdots,\ 1)'$」「カテゴリ変数を説明変数に含める際は、データが 2 種類の場合は 0 と 1 に変換、データが 3 種類の場合は『0 と 1 に変換した 2 値データ』を（カテゴリ数 -1）個生成」の事前準備を済ませたものとする。Recipe 4.3 の場合は以下となる。

$$
\boldsymbol{y} = \begin{pmatrix} 90 \\ 109 \\ 120 \\ 94 \\ 105 \\ 107 \\ \vdots \end{pmatrix}, \quad X = \begin{pmatrix} 1 & 24 & 1 & 0 & 0 \\ 1 & 26 & 1 & 0 & 0 \\ 1 & 28 & 1 & 0 & 1 \\ 1 & 27 & 0 & 0 & 0 \\ 1 & 30 & 0 & 0 & 1 \\ 1 & 29 & 0 & 1 & 0 \\ \vdots & \vdots & \vdots & \vdots & \vdots \end{pmatrix}, \quad \boldsymbol{\beta} = \begin{pmatrix} \beta_1 \\ \beta_2 \\ \beta_3 \\ \beta_4 \\ \beta_5 \end{pmatrix}
$$

最小二乗法により、$\hat{\beta} = (X'X)^{-1}X'\boldsymbol{y}$ なる解を得、分散の推定量は $\hat{V}(\hat{\beta}) = \widehat{\sigma^2}(X'X)^{-1}$, $\widehat{\sigma^2} = (\boldsymbol{y} - X\hat{\beta})'(\boldsymbol{y} - X\hat{\beta})/(n-p-1)$ となる。関数 lm() では $\hat{\beta}$ の各推定値に対して0かどうかの検定を行っているが、これは $\hat{\beta}$ の各推定値の「標準誤差 $se_i = \hat{V}(\hat{\beta})$ の (i, i) 成分の平方根」を用いて $\hat{\beta}_i/se_i$ が自由度 $n-p-1$ の t 分布に従うことを利用している。

```
mydata9           <- read.csv("c:/temp/Sheet42.csv")
mydata9$one       <- rep(1, nrow(mydata9))
mydata9$weather2  <- ifelse(mydata9$weather==2, 1, 0)
mydata9$weather3  <- ifelse(mydata9$weather==3, 1, 0)

n      <- nrow(mydata9)
p      <- 4
y      <- as.matrix(mydata9[,2])
X      <- as.matrix( mydata9[,c(6,3,4,7,8)] )
( b    <- solve(t(X)%*%X)%*%t(X)%*%y )
e      <- y - X%*%b
s2     <- t(e)%*%e/(n-p-1)
Vb     <- solve(t(X)%*%X) * as.numeric(s2)
( se1 <- sqrt(Vb[1,1]) )
( se2 <- sqrt(Vb[2,2]) )
( se3 <- sqrt(Vb[3,3]) )
( se4 <- sqrt(Vb[4,4]) )
( se5 <- sqrt(Vb[5,5]) )
( t1  <- b[1,1]/se1 )
( t2  <- b[2,1]/se2 )
( t3  <- b[3,1]/se3 )
( t4  <- b[4,1]/se4 )
( t5  <- b[5,1]/se5 )
```

```
( p1  <- 2*pt(-abs(t1), df=n-p-1) )
( p2  <- 2*pt(-abs(t2), df=n-p-1) )
( p3  <- 2*pt(-abs(t3), df=n-p-1) )
( p4  <- 2*pt(-abs(t4), df=n-p-1) )
( p5  <- 2*pt(-abs(t5), df=n-p-1) )
```

また、この回帰モデルに対する分散分析も行える。総平方和：$T = y'y$、全説明変数の平方和：$R = y'X(X'X)^{-1}X'y$、対象とする説明変数 α の列を除いた計画行列 X_α（Recipe 4.3のお店の室温（変数名：temp）であれば2列目、繁忙日かどうか（変数名：busyday）であれば3列目、天気（変数名：weather）であれば4～5列目を除いたもの）を用いて、この説明変数の効果を除いた平方和：$R_\alpha = y'X_\alpha(X'_\alpha X_\alpha)^{-1}X_\alpha'y$ を用いて、以下のように計算できる。

・説明変数 α に関する平方和 ➡ $SS_\alpha = R - R_\alpha$

・残差平方和 ➡ $SS_R = T - R$

・$\dfrac{SS_\alpha/\mathrm{df}_\alpha}{SS_R/\mathrm{df}_R}$ は自由度（df_α, df_R）のF分布に従う（df_α：連続変数であれば自由度1、カテゴリ数が k 個であれば自由度 $k-1$；df_R：$n - \sum \mathrm{df}_\alpha - 1$）

```
T  <- t(y)%*%y
R  <- t(y)%*%X            %*%solve(t(X            )%*%X            )%*%t(X            )%*%y
R1 <- t(y)%*%X[,c(1,3,4,5)]%*%solve(t(X[,c(1,3,4,5)])%*%X[,c(1,3,4,5)])%*%t(X[,c(1,3,4,5)])%*%y
R2 <- t(y)%*%X[,c(1,2,4,5)]%*%solve(t(X[,c(1,2,4,5)])%*%X[,c(1,2,4,5)])%*%t(X[,c(1,2,4,5)])%*%y
R3 <- t(y)%*%X[,c(1,2,3) ]%*%solve(t(X[,c(1,2,3) ])%*%X[,c(1,2,3) ])%*%t(X[,c(1,2,3) ])%*%y
( SS1 <- R-R1 )            # temp   の平方和：連続変数＝自由度1
( SS2 <- R-R2 )            # busydayの平方和：カテゴリ数が2＝自由度1
( SS3 <- R-R3 )            # weatherの平方和：カテゴリ数が3＝自由度2
( SSR <- T-R )            # 残差,自由度=60-1-1-2-1=55
( F1  <- SS1/1/(SSR/55) ) # temp   のF統計量
( F2  <- SS2/1/(SSR/55) ) # busydayのF統計量
( F3  <- SS3/2/(SSR/55) ) # weatherのF統計量
( pf(F1, 1, 55, lower=F) ) # temp   のp値
( pf(F2, 1, 55, lower=F) ) # busydayのp値
( pf(F3, 2, 55, lower=F) ) # weatherのp値
```

補足13 CART

✓ 参考文献12「An Introduction to Recursive Partitioning Using the RPART Routines」に詳述されており、非常に詳しいため、CARTについてはこちらに譲る。

参考文献

1. 白旗 慎吾（2008）『統計学』ミネルヴァ書房
2. 蓑谷 千凰彦（2004）『統計学入門』東京図書
3. 永田 靖（1996）『統計的方法のしくみ』日科技連出版社
4. 永田 靖, 棟近 雅彦（2001）『多変量解析法入門』サイエンス社
5. 繁桝 算男（1985）『ベイズ統計入門』東京大学出版会
6. 上田 尚一（2005）『統計グラフのウラ・オモテ』講談社
7. 牧野 武文（2005）『グラフはこう読む！悪魔の技法』三修社
8. 舟尾 暢男（2016）『The R Tips 第3版』オーム社
9. 舟尾 暢男（2014）『Rで学ぶプログラミングの基礎の基礎』カットシステム
10. John M. Lachin (2000) "Biostatistical Methods: The Assessment of Relative Risks", Wiley
11. David J. Spiegelhalter, et. al. (2004) "Bayesian Approaches to Clinical Trials and Health-Care Evaluation", Wiley
12. Terry M. Therneau, et. al. (2019) "An Introduction to Recursive Partitioning Using the RPART Routines"
    https://cran.r-project.org/web/packages/rpart/vignettes/longintro.pdf
13. Winston Chang (2020) "R Graphics Cookbook, 2nd edition", O'reilly
    https://r-graphics.org/

Part 5

説明が後ろすぎる×R&RStudioの基本と補足

おわりに

　窓から大阪城が見える団地で暮らしていたことがあるのですが、この団地の近くに「キョロちゃん」という焼肉屋さんがありまして、嫁さんと足しげく通っておりました。店員さんの愛想がよく、値段もそんなに高くないのにどれも美味しい大人気店ですが、生センマイ（センマイ刺しとも言います）が特に絶品でした。お店のタレとは別にお願いする「ごま油と塩」で食べる生センマイがとにかく美味で、今でも思い出すたびに半笑いになってしまいます。本書の焼肉屋「きょうちゃん」は、僭越ながらこの「キョロちゃん」の一文字違いとさせていただきました。生センマイのエピソードをがっつり入れようと試みたのですが、どこの話にも当てはまらず断念致しました。残念。

　ところで、この生センマイ、なぜ美味しいかといいますと下ごしらえに尽きます。センマイは牛の3番目の胃ですから、ビラビラばかりで色んなものが溜まりやすい形状です。流水で徹底的に洗った後、お湯をたっぷり沸かして湯通し、冷水にとって冷まして、ビラビラがまだ残っていればさらに洗い、綺麗になった後で細かく刻んで……、と美味しくいただくまでには入念な下ごしらえを行う必要があります（焼肉屋さんに教えてもらったことの受け売りですが）。キョロちゃん以外の生センマイは、下ごしらえの程度の違いでしょうか、どこか物足りなさと独特な色合いと臭みが残っているんですよね。

　生センマイに限らず、焼肉屋さんで出てくるお肉は、人気店であればあるほど、お肉の下ごしらえが入念です。お客さんは下ごしらえ済みのお肉を焼くだけですが、食べるだけでなく「調理をしている」気分も味わえることが焼肉屋さんの醍醐味のひとつでしょうか。本書ではデータ解析のレシピをいろいろ紹介しておりますが、入念に下ごしらえを行った後の材料を、読者の皆さんに「調理をしている」気分とその後の味わいを楽しんでいただけるよう試みました。「下ごしらえが大変過ぎて、楽しくなるまでに挫折」という統計の本が多い中、個人的に大胆と思っているこの試みが失敗していなければ嬉しいです。

　最後に、焼肉屋「キョロちゃん」を教えてくれ、仕事や本書ばかりしても文句ひとつ言わずニコニコしているうちの嫁さんに心より感謝致します。うちの2人目の子が産まれる当日の朝5時、「破水したから行ってくるわ」と冷静に荷物を持って、自分で車を運転して病院に行こうとした嫁さんを慌てて止めて、私の（下手な）運転で病院に向かったことを思い出しつつ、Part 3を書いておりました。そんな破天荒で頼りがいのある嫁さんがいたからこそ、本書は「個人的には」満足のいくでき栄えとなりました。もし、私の他に本書を面白がってくださる方がいられましたら望外の喜びです。

2020年10月吉日

ꘞꘞ index

〈著者略歴〉

舟 尾 暢 男 （ふなお　のぶお）

1977 年：熊本に生まれる.
1998 年：大阪教育大学教養学科数理科学専攻中退
2002 年：大阪大学基礎工学部情報科学科数理科学コース中退
2004 年：大阪大学大学院基礎工学研究科システム人間系数理科学分野修了
現　在：武田薬品工業（株）勤務
趣　味：嫁と子供と一家団らん

R によるデータ分析のレシピ

2020 年 11 月 30 日　　第 1 版第 1 刷発行

著　　者　舟尾暢男
発行者　村上和夫
発行所　株式会社 オーム社
　　　　郵便番号　101-8460
　　　　東京都千代田区神田錦町 3-1
　　　　電話　03(3233)0641(代表)
　　　　URL　https://www.ohmsha.co.jp/

© 舟尾暢男 2020

組版　BUCH⁺　印刷・製本　図書印刷
ISBN978-4-274-22625-0　Printed in Japan

本書の感想募集　https://www.ohmsha.co.jp/kansou/

本書をお読みになった感想を上記サイトまでお寄せください。
お寄せいただいた方には、抽選でプレゼントを差し上げます。